Sohail Ajmal Paracha

Problemas dos pequenos agricultores relativamente ao baixo nível de produção

Sohail Ajmal Paracha

Problemas dos pequenos agricultores relativamente ao baixo nível de produção

ScienciaScripts

This book is a translation from the original published under ISBN 978-620-2-06894-9.

Publisher:
Sciencia Scripts
is a trademark of
Dodo Books Indian Ocean Ltd. and OmniScriptum S.R.L publishing group

120 High Road, East Finchley, London, N2 9ED, United Kingdom
Str. Armeneasca 28/1, office 1, Chisinau MD-2012, Republic of Moldova, Europe
Printed at: see last page
ISBN: 978-620-8-23456-0

RESUMO

Este foi um estudo sobre os problemas dos pequenos agricultores que ocorrem no sector agrícola em relação à baixa produção. O enquadramento do estudo centrou-se na Investigação e Extensão de Sistemas Agrícolas, que foi complementada com a orientação dos resultados dos programas, a Avaliação Rural Participativa e as abordagens de programação da extensão.

Foram utilizados vários procedimentos para recolher dados. Foi realizado um inquérito (técnica de recolha de dados quantitativos ou inquérito de avaliação rápida) para obter uma compreensão geral da comunidade e para apoiar os procedimentos de investigação, especialmente na construção de um questionário formal. Foi também efectuado um inquérito de 100 entrevistas aleatórias a agregados familiares para obter informações sobre a comunidade a utilizar em análises posteriores.

ÍNDICE DE CONTEÚDOS

CAPÍTULO 1

1.1 Introdução: -

O Paquistão é um país de base agrícola e dos 80 Mha da terra total, 22 Mha estão a ser utilizados para a produção agrícola. Nas últimas três décadas, registou-se um aumento significativo da área cultivada, que passou de 16,62 Mha para 22,15 Mha no período de 1971 a 2003, mas devido ao rápido aumento da população, a disponibilidade de terras per capita diminuiu drasticamente. A taxa de crescimento anual prevista revela um quadro pior num futuro próximo no que respeita à economia agrícola. A economia do país assenta nos ombros do sector agrícola. Com uma contribuição de 21% para o PIB e um emprego de mais de 48,4% da força de trabalho total, este sector é o que mais contribui para a economia do país. O sector das culturas representa 60% da contribuição total da agricultura para o PIB, enquanto a pecuária e a silvicultura representam 40% (Governo do Paquistão, 2011). O sector da agricultura no Paquistão também enfrenta alguns dos problemas mais graves e é necessário destacar e resolver estes problemas com a máxima prioridade.

Seguem-se algumas das principais questões e problemas que têm efeitos negativos na agricultura e, em última análise, na economia do Paquistão.

Deficiência de água e condições de seca; o Paquistão, um país que já foi um país com excesso de água, está agora a ganhar atenção como um país com défice de água (Kahlown e Majeed, 2003). O rio Indo é também designado como a espinha dorsal da economia do Paquistão, principalmente devido ao fornecimento de 90% da contribuição da água para o sector agrícola. Tal como outros países em desenvolvimento do mundo, a população do Paquistão também está a crescer a um ritmo mais rápido e, de acordo com as estimativas demográficas, a população do país aumentará para 250 milhões em 2025, o que acabará por reduzir a disponibilidade de água per capita (Bhutta, 1999). A controversa barragem de Baglihar e o seu possível défice (32%) podem induzir uma grande quebra na produção alimentar, prevendo-se uma escassez de 70 milhões de toneladas de alimentos a partir de 2025 (ADB, 2002). Trata-se de um dos maiores problemas para a agricultura do Paquistão.

O corte de carga de ***longa duração*** é uma das principais ameaças à agricultura. Com o passar do tempo, as cargas estão a aumentar. Mais de 1 075 073 poços tubulares (Governo do Paquistão, 2011) estão a irrigar a terra e, devido à grave falta de eletricidade, não conseguem funcionar da melhor forma. O gasóleo é uma alternativa para fazer funcionar estes poços tubulares, mas os preços mais elevados do gasóleo colocaram outro problema aos agricultores do país. Os cortes de energia sem aviso prévio podem perturbar a sementeira de diferentes culturas (Daily Nation, 2008).

Serviços de extensão deficientes; a extensão agrícola é uma das forças motrizes responsáveis pelo crescimento da produtividade agrícola, através da transferência das tecnologias mais recentes e melhoradas para os agricultores e, em última análise, reforça a economia nacional (Sadaf et al., 2005). Infelizmente, os países em desenvolvimento não estão a conseguir transferir a tecnologia para o nível do agricultor (Governo do Malawi, 2000) e a situação está a piorar com o passar do tempo (Eicher, 2001). Os serviços de extensão tradicionais ultrapassados são incapazes de satisfazer as exigências colocadas pela produção e proteção das culturas modernas (Banco Mundial, 2002; Obaa et al., 2005).

Ausência de reforma agrária;. A reforma agrária consiste na alteração da legislação e da regulamentação em matéria de transferência de propriedade de terras agrícolas em todo o país (Kinsey, 1999). Devido à ausência de reformas agrárias no Paquistão, os subsídios e outros incentivos concedidos pelo governo aos agricultores são usufruídos pelos proprietários e os agricultores com pequenas propriedades acabam por sofrer (Haq, 2012). Cerca de 2% dos agregados familiares detêm a totalidade de 45% da superfície terrestre. Os agricultores progressistas e politicamente influenciados também tiraram partido dos subsídios governamentais nos sectores da agricultura e da água e beneficiaram de melhorias tecnológicas que aumentaram os rendimentos nas suas grandes explorações, enquanto o pequeno agricultor não pode usufruir desses benefícios (Banco Mundial, 2003). A ausência de reformas agrárias também está a provocar mudanças negativas na sociedade e está a resultar num aumento excessivo da taxa de pobreza e, consequentemente, há um aumento da taxa de comportamentos negativos na sociedade (IRINEWS, 2009).

Ausência de rede de distribuição de sementes de qualidade; sementes de má qualidade têm um efeito importante na germinação, bem como no vigor geral da planta, especialmente no caso do trigo (Bamarda e Calitz, 2011), que é considerado o alimento básico no Paquistão. As empresas provinciais de sementes têm por objetivo distribuir sementes de qualidade. Devido à disponibilidade limitada de sementes certificadas, à má orientação de muitos distribuidores locais de sementes e à baixa qualidade das sementes, o sector agrícola sofre de baixa produção por unidade de superfície. A disponibilidade de sementes de má qualidade é um dos principais problemas no contexto agrícola moderno do Paquistão (Alam e Naqvi, 2003).

Preço elevado dos adubos e monopólio das empresas; Os preços elevados dos adubos devem-se principalmente ao aumento dos preços do gás natural e ao monopólio das empresas de adubos que operam no Paquistão. O aumento do imposto geral sobre as vendas de gás natural é também uma das razões para esta subida dos preços (Daily Nation, 2012). O aumento dos preços do gás tem um efeito direto no preço por saco de cada fertilizante, especialmente da ureia, que é utilizada deliberadamente no sector agrícola (Dawn, 2013). Devido ao aumento dos preços destes fertilizantes, um agricultor médio não consegue dar o seu melhor na exploração agrícola e, por sua vez, o baixo rendimento causa pressão financeira e outros problemas (FAO, 2004). Espera-se um aumento de 2,5 dólares por saco de ureia na época alta de 2013, o que será globalmente desencorajador para a comunidade agrícola do Paquistão (BLACKSEAGRAIN, 2013).

Utilização de insecticidas adulterados ou fora do prazo de validade; embora o governo tenha afirmado que controlou a adulteração de pesticidas e a reduziu para 1%, verifica-se uma tendência contínua para a utilização de insecticidas de baixa qualidade (Daily Times, 2012). Os insecticidas de má qualidade afectam o ambiente e também induzem alguns problemas de saúde graves devido aos seus efeitos residuais prolongados (Jabbar e Mallick, 1994). Além disso, durante a época alta, verifica-se uma escassez de insecticidas de boa qualidade e o mercado é dominado pelo comércio de insecticidas adulterados ou fora de prazo, o que, por sua vez, prejudica o progresso económico global e a agricultura sustentável no Paquistão (Dawn, 2013).

Não utilização de terrenos baldios cultiváveis; os terrenos baldios cultiváveis representam uma grande percentagem do total das terras agrícolas no Paquistão. Como o aumento da população é muito rápido, consequentemente a disponibilidade de terra per capita está a diminuir, principalmente devido à não utilização dos terrenos baldios cultiváveis do Baluchistão (Bhutta, 1999). O Governo do Paquistão deu um passo no sentido da disponibilização de terrenos baldios cultiváveis aos estudantes ligados ao sector agrícola, mas os grupos de proprietários de terras não permitiram que o Governo prosseguisse com o projeto (Soomro, 2011)

Práticas agrícolas convencionais; as práticas agrícolas convencionais têm um rendimento de proprietário em comparação com as práticas modernas. É talvez um grande obstáculo substituir os métodos convencionais por métodos modernos (Feder, 1985). As práticas tradicionais são mais comuns nos países em desenvolvimento como o Paquistão e estas práticas devem-se principalmente à dimensão mais reduzida das explorações agrícolas, uma vez que os camponeses de pequena dimensão não conseguem suportar as despesas agrícolas, o que resulta num baixo rendimento por unidade de área (Khwaja, 2013).

O acesso indireto do agricultor ao mercado principal; a intervenção de intermediários é um dos maiores obstáculos para melhorar o estatuto socioeconómico dos pequenos proprietários de terras (Khan, 2010). Por esta razão, o agricultor não consegue obter o preço real do seu trabalho árduo e dos seus factores de produção. Os pequenos camponeses não conseguem aceder ao mercado e obter a taxa que corresponde ao preço original da mercadoria (Malik et al., 1989)

Ausência de uma faixa de cultivo especializada de base ecológica;. Cada localização geográfica tem um ambiente perfeito para a produção de um produto agrícola específico. Muitas partes do Paquistão não estão a obter a produção ideal principalmente devido à ausência desta estratégia (Qureshi, 2012, *Manzoor et al.,* 2013, Asim *et al.,* 2013).

Contrabando deliberado de produtos agrícolas; entre as culturas, o trigo (Pakkisan, 2005) e o arroz (Pakkissan 2007), enquanto entre os fertilizantes, a ureia (Tribune, 2011) é mais contrabandeada do que qualquer outro produto agrícola. Devido à guerra no Afeganistão, este problema aumentou drasticamente e está a perturbar o sector agrícola.

Não cooperação entre a investigação moderna e a extensão; o fluxo da investigação mais recente para o agricultor não é imediato, principalmente devido à não cooperação entre os departamentos de extensão e de investigação que trabalham separadamente no Paquistão (Kyomo, 2006).

Ausência de uma apólice de seguro de colheitas organizada; em caso de perdas devidas a fortes ataques de insectos, surtos de doenças, inundações, incêndios, etc., não existe qualquer plano de seguro para os pequenos proprietários. O agricultor sofre com estas perdas e, em última análise, a agricultura é afetada.

Falta de tecnologias pós-colheita modernas; As perdas pós-colheita são os principais factores que determinam a produção final de um país. O Paquistão está a enfrentar grandes perdas pós-colheita devido a infra-estruturas deficientes, à falta de instalações de armazenamento modernas, à limitação das unidades de transformação e à lentidão do transporte (Shah e Farooq, 2000)

Esgotamento das florestas; a área florestal está a diminuir devido a uma contribuição anual (2011-12) de mais de 92 000 metros cúbicos (Governo do Paquistão, 2012). Devido ao aumento da desflorestação, tem havido um aumento progressivo do processo de erosão e prevê-se que as perdas por inundação aumentem nos próximos meses.

Os surtos de doenças das aves de capoeira; a doença das aves de capoeira de New Castle e a doença da gripe das aves contam-se entre as doenças mais letais que infectam toda a população num período de tempo muito curto (The News 2012).

O Paquistão é um país agrícola e a agricultura é a espinha dorsal da economia do Paquistão. Há vários factores que são responsáveis pelo baixo nível de produção no sector agrícola, devido a isso o rendimento por acre é muito baixo em comparação com outros países desenvolvidos; A agricultura tem sido a principal ocupação do povo do Paquistão. Ainda hoje a agricultura é um sector importante e ocupa um lugar muito importante na economia do Paquistão. Não só fornece alimentos para a nossa população em crescimento, mas é uma fonte de matérias-primas para as nossas principais indústrias, bem como uma fonte de divisas para o nosso governo.

32% do nosso produto interno bruto pertence a este sector. Cerca de 75% da nossa população está direta ou indiretamente envolvida nesta profissão. Uma grande parte, cerca de 10%, das exportações do Paquistão é constituída por produtos de base, incluindo as principais culturas de rendimento. Além disso, as principais indústrias de grande escala, como a do algodão, a do açúcar, etc., bem como as indústrias de média e pequena escala baseadas na agricultura e as indústrias caseiras, dependem diretamente deste sector para as suas matérias-primas.

Agricultura, ciência e prática da produção de culturas e de gado a partir dos recursos naturais da terra. O principal objetivo da agricultura é fazer com que a terra produza mais abundantemente e, ao mesmo tempo, protegê-la da deterioração e da má utilização. Os diversos ramos da agricultura moderna incluem a agronomia, a horticultura, a entomologia económica, a criação de animais, a produção leiteira, a engenharia agrícola, a química dos solos e a economia agrícola. (Enciclopédia Eletrónica da Columbia, 2012)

De acordo com o American heritage dictionary of English, The science, art, and business of cultivating, soil, production crops and raising livestock, farming. O ramo da geologia que se ocupa da adaptabilidade da terra à agricultura, solo, qualidade, (ologies &-isms. 2011)

A arte de cultivar a terra para dela obter as diversas coisas que ela pode produzir; e particularmente o que é útil ao homem, como o grão, a fruta, o algodão, o linho e outras coisas.(Demat,2014).

Só quando compreendermos a longa história dos esforços humanos para retirar da terra o seu sustento é que poderemos compreender a natureza da crise que a humanidade enfrenta atualmente, com centenas de milhões de pessoas confrontadas com a fome ou a fuga da terra. Desde o Neolítico até às primeiras civilizações do antigo Próximo Oriente, nas savanas, nos vales dos rios e nos socalcos criados pelos Incas nas montanhas andinas, desenvolveu-se uma gama crescente de técnicas agrícolas em resposta a condições muito diferentes. Estes desenvolvimentos são relatados neste livro, com uma atenção pormenorizada às formas como as plantas, os animais, o solo, o clima e a sociedade interagiram. A História da Agricultura Mundial, de Mazoyer e Roudart, é uma obra pioneira e panorâmica, que começa com o aparecimento da agricultura após milhares de anos em que as sociedades humanas dependiam da caça e da coleta, mostrando como as técnicas agrícolas se desenvolveram nas diferentes regiões do mundo e como esta extraordinária riqueza de conhecimentos, tradições e variedade natural é hoje ameaçada pelo capitalismo global, que força as heranças agrárias desiguais do mundo a conformarem-se com as normas do lucro. Durante o século XX, a mecanização, a motorização e a especialização puseram fim ao padrão de respostas culturais e ambientais que caracterizou a história global da agricultura até então. Atualmente, um pequeno número de empresas tem a capacidade de impor ao planeta os métodos agrícolas que consideram mais rentáveis. Mazoyer e Roudart propõem uma estratégia global alternativa que pode salvaguardar as economias dos países pobres, revigorar a economia global e criar um futuro habitável para a humanidade. Uma análise majestosa ... talvez seja o livro mais instrutivo que já li sobre a organização e a complexidade dos sistemas de produção agrícola ... É algo que praticamente qualquer pessoa interessada no futuro da agricultura deveria ler com atenção (Bayvel, 2005).

A cultura da cevada e do trigo, juntamente com a domesticação do gado bovino, principalmente ovino e caprino, era visível em Mehragara por volta de 8000-6000 a.C. Cultivavam seis fileiras de trigo, mal einkom e emmer, jujubas e tâmaras, e cuidavam de ovelhas, cabras e gado. Os habitantes do período posterior, de 5500 a 2600 a.C., dedicaram-se às culturas, incluindo a produção de pedra, o curtimento e a produção de contas até cerca de 2600 a.C. A irrigação foi introduzida na civilização do Indus por volta de 4500 a.C. As culturas mais importantes são o trigo, a cana-de-açúcar, o algodão e o arroz. As culturas mais importantes são o trigo, a cana-de-açúcar, o algodão e o arroz, que, em conjunto, representam mais de 75% do valor da produção total das culturas (statpak.gov, 2006).

Embora uma grande parte da população ainda resida em zonas rurais e esteja diretamente envolvida em actividades agrícolas, o Paquistão continua a não conseguir ultrapassar o problema da insegurança alimentar. A produção agrícola no Paquistão tem enfrentado sérios desafios, incluindo inundações recorrentes nos últimos anos, embora comparativamente suaves, as inundações afectaram 1,5 milhões de pessoas este ano. De acordo com antigos representantes da comunidade, o rendimento das colheitas por hectare do país permaneceu estagnado desde 1999, enquanto a população aumentou em cerca de 30 milhões, o que é considerado a principal razão para a crescente insegurança alimentar (Shah, 2014).

1.2 Objectivos

Todos os investigadores realizam pesquisas para atingir alguns objectivos valiosos. Este estudo também tem alguns objectivos que são enumerados a seguir.

> Investigar as caraterísticas socioeconómicas e demográficas dos inquiridos.
> Estabelecer novas investigações que contribuam para o planeamento de programas sobre a agricultura e os seus problemas.
> Descobrir as principais causas dos problemas agrícolas e os obstáculos que se colocam ao desenvolvimento da agricultura.
> Sugerir algumas medidas úteis para erradicar os problemas agrícolas.

CAPÍTULO 2

2.1 REVISÃO DA LITERATURA

Há muitos investigadores que realizaram estudos sobre o sector agrícola e chegaram a conclusões diferentes.

O presente estudo foi realizado na Quinta Experimental da Universidade Agrícola de Assam e em Jorhat durante 2009-10 com o objetivo de determinar o crescimento, o rendimento e as necessidades nutricionais da banana em sistema de plantação de alta densidade (HDP). Os tratamentos consistiram em T3: 2 rebentos/colina a 2mx3m com 100%, 75%, 50% FTR; T5, T6: 3 rebentos/colina a 2mx3m com 100%, 75%, 50% FTR; T7, T8, T9: 2 rebentos a .8mx3.6m com 100%, 75% , 50% FTR; T10, T11,T12 : 3 ventosas a 1.8mx3.6m com 100%, 75% , 50% FTR e T13: Isucker a 1.5mxl.5m com 100% de FTR. Todas as plantações de alta densidade registaram uma altura superior à do controlo e foi máxima em T. O perímetro da planta diminuiu com o aumento do número de rebentos por colina. O número total de folhas aumentou em todos os tratamentos de HDP. Verificou-se que o número máximo de folhas funcionais foi registado no tratamento T HDP com 2 e 3 rebentos por colina, mais do que no controlo. O tratamento T6 registou o menor intervalo de colheita. Todos os tratamentos HDP registaram uma redução do peso do cacho, do número de mãos por cacho, do número de dedos por mão e do comprimento dos dedos, mas o peso da segunda mão (2,93 kg) e o rendimento (80,23 t/ha) foram mais elevados no tratamento T6. Uma avaliação global revelou que a plantação de 3 rebentos por colina a 2mx3m com 50% de FTR (T6) é o melhor tratamento nas condições agro-climáticas de Assam. Palavras-chave: Plantação de alta densidade, rendimento da banana, (B. Gogoi, B. Khangia, K. Baruah e A. Khounm (2009-10).

O desenvolvimento de cada região constitui um importante desafio político para todas as comunidades sociais. A República da Macedónia adoptou a lei sobre o desenvolvimento regional equilibrado, que inclui uma estratégia de desenvolvimento regional equilibrado. Trata-se de um objetivo estratégico particularmente importante devido às grandes diferenças que existem entre as regiões, especialmente entre a capital e outras partes do país. Na Macedónia, existem oito regiões planeadas ou estatísticas: Vardar, Leste, Sudoeste, Sudeste, Pelagónia, Polog, Nordeste e região de Skopje. O estudo do desenvolvimento regional do complexo agrícola na Macedónia é feito utilizando a metodologia da distância de Ivanichev. Como resultado,

De acordo com os valores de I - as distâncias estão a obter a lista de classificação das regiões para o desenvolvimento do complexo agrícola. No trabalho, são considerados indicadores importantes para cada região separadamente: população da República da Macedónia, população ativa, terras agrícolas utilizadas, área agrícola, valor acrescentado bruto, produto interno bruto e investimento em activos fixos. O resultado é a base para a tomada de outras medidas, tais como medidas económicas, técnicas, tecnológicas, ferramentas, estratégias para melhorar a situação do complexo agrícola nas regiões onde será necessário (Trajan Dojcinovski, LiljanaVelkovska, PetarTrajkov (2011).

Esta experiência foi efectuada em condições de viveiro no Departamento de Horticultura da Universidade de Cartum durante a estação 1999-2000. Estudar o efeito da fase de desenvolvimento do fruto na germinação das sementes, peso das sementes, teor de humidade e dias necessários para a germinação durante diferentes períodos e a dois graus de temperatura.

O resultado demonstrou que a maturidade das sementes teve um efeito significativo na percentagem de germinação. A percentagem de germinação aumentou com o aumento da maturidade das sementes, enquanto o número de dias necessários para a germinação tendeu a diminuir. O peso seco aumentou e o teor de humidade diminuiu com a maturidade. No entanto, a maturidade das sementes não teve efeito significativo no peso fresco das sementes. (MahasinElhajDaff-, M. A. E. Mustafa (1999-2000)

Para identificar novos indicadores de stress impostos pelas alterações climáticas, a Chemlali, a principal oliveira tunisina, foi estudada quanto aos seus voláteis de folhas e raízes no norte e no sul do país. Foram observadas grandes alterações na composição dos voláteis nos órgãos aéreos e subterrâneos, resumidas pelo enriquecimento em compostos fenólicos e carbonílicos e pela redução em hidrocarbonetos e ácidos gordos nas amostras do sul. O estudo anatómico das folhas, madeiras e raízes de Chemlali cultivadas no norte e no sul foi realizado e comparado. Foram identificadas várias alterações anatómicas, nomeadamente o desenvolvimento importante do colênquima, a invaginação dos estomas, a multiplicação de tricomas, o desenvolvimento de fibras pericíclicas, as variações nas proporções de parênquima paliçádico e esponjoso.

Além disso, foi efectuada uma análise mineral nos diferentes órgãos da oliveira em ambas as regiões, o que demonstra uma variação importante do conteúdo e distribuição mineral. A cultivar Chemlali tenta manter o seu equilíbrio mineral, e satisfaz as suas necessidades de azoto e potássio (DhouhaSaidana,Ali Ben Dhiab,Samia Ben Mansour,MounaAyachi,Mohamed Braham (2014).

5:-Este estudo analisou as tendências do rendimento das culturas alimentares estáveis, nomeadamente o trigo, o feijão, o milho, a mandioca, a batata-inglesa e o arroz no Ruanda e determinou as lacunas entre os rendimentos actuais e potenciais destas culturas. Para a análise das tendências de rendimento, foram utilizadas séries cronológicas de rendimento das culturas que abrangem o período de 2000 a 2013. Para medir as lacunas, foi utilizado o rendimento das culturas para o ano de 2013. Os resultados do estudo mostram que o rendimento das culturas varia muito de ano para ano e, em geral, está a aumentar a uma taxa decrescente para todas as culturas. A diferença entre o rendimento atual e o potencial é atualmente avaliada em 3,035 toneladas para o milho, 1,839 toneladas para o trigo, 3,266 toneladas para o arroz, 1,147 toneladas para o feijão, 31,999 toneladas para a mandioca e 30,562 para a batata-doce. Em termos percentuais e utilizando o limite superior do rendimento potencial, a diferença varia entre 60,7%, 45,97%, 36,28%, 71,68%, 63,99% e 76,40%, respetivamente, para o milho, o trigo, o arroz, o feijão, a mandioca e a batata-doce. Estes números mostram que há margem para aumentar o rendimento de todas as culturas e, por conseguinte, aumentar a produção agrícola, a fim de melhorar a segurança alimentar, especialmente para os agricultores que dependem quase exclusivamente do rendimento da venda da produção agrícola. Por conseguinte, o Governo do Ruanda deve continuar a adotar programas e estratégias para aumentar a produtividade e a produção agrícola.

6:- O nosso objetivo foi avaliar a variação da abundância da African Rice Gall Midge (AfRGM) e dos seus parasitóides associados em relação aos períodos de transplante. Utilizou-se um delineamento em blocos completos casualizados com três tratamentos e quatro repetições.

Os tratamentos consistiram em períodos de transplante; dois períodos consecutivos foram separados por duas semanas. Dez avaliações entomológicas foram realizadas semanalmente, dos 21 dias após o transplante (DAT) aos 84 DAT. Quando o arroz foi plantado tardiamente, o parasitismo das larvas ocorreu mais cedo. O maior parasitismo larvar (43,10 a 66,57%) foi registado após o máximo perfilhamento. O parasitismo de pupas estabeleceu-se tardiamente em ambos os anos. As populações de AfRGM e o parasitismo foram significativamente afectados pela data de transplante do arroz, como evidenciado pelos valores dos coeficientes de correlação entre o número médio de larvas e os seus parasitóides associados (0,41 em T1 versus 0,88 em T3 em 2005). O período de transplantação do arroz não afectou significativamente o parasitismo das pupas. (HonoreMopougouni,Tankoano e SouleymaneNacro realizados em 2004 e 2005).

7:- Foi realizada uma experiência durante duas épocas na quinta da Estação de Investigação de Hudeiba, no Estado do Rio Nilo, nas épocas 2012/013-2013/014, para estudar o efeito do tamanho dos camalhões e do espaçamento da abóbora. A experiência baseou-se num desenho de blocos completos aleatórios com três repetições. O tamanho das cristas (250, 300 e 350cm), espaçamento (50, 70, 90 e 110cm). Os resultados mostraram diferenças significativas no rendimento da abóbora em duas épocas, o rendimento mais elevado obtido é de 6,7 toneladas/ha-1 em camalhões de 350 cm e espaçamento de 50 cm entre plantas na primeira época e o rendimento mais baixo é de 3,1 toneladas/ha-1 obtido em camalhões de 350 cm e espaçamento de 110 cm entre plantas na segunda época. Além disso, o estudo mostra diferenças significativas no número de plantas por parcela, o maior número obtido com 300 cm de cumeeira e 50 cm de espaçamento entre plantas é de 79 plantas na primeira época e o menor número de plantas por parcela é de 40,2 plantas obtidas com 300 cm de cumeeira e 110 cm de espaçamento entre plantas na primeira época. Não há diferenças significativas no número de folhas por planta, número de flores por planta, número de frutos por planta, peso do fruto (g) e T.ss% em duas épocas (Mohammed Ahmed Eltyeb 2012/013-2013/014).

8:-A produção e a produtividade do milho, do sorgo, do feijão-frade, do feijão-mungo, da ervilha-de-corda e do café estão altamente ameaçadas por diferentes doenças nas zonas de South omo e Segenpeoples da Região dos Povos de Nacionalidade do Sul da Etiópia. No entanto, a importância relativa de cada doença nas diferentes localizações não foi avaliada e bem caracterizada para uma estratégia de gestão sólida. Para determinar a ocorrência, a distribuição e o estado da doença nas duas zonas, foi realizado um inquérito em três distritos da zona dos povos de South omo e Segen, ou seja, South Ari e Benatsemay (zona de South omo) e Konsso (zona dos povos de Segen), nas épocas de colheita de 2013. Os resultados indicaram que 70% das plantas de milho amostradas estavam infetadas *porTrichometasphaeriaturcicast* no distrito de South Ari da zona de South omo. Enquanto que na zona dos povos de Segen a percentagem de alturas infectadas foi registada em 45% (*Fusariumgraminearum).* O presente estudo indicou que existe um complexo de doenças em diferentes culturas das áreas estudadas e que a ocorrência entre distritos é altamente variável, apesar da introdução e promoção de diferentes práticas de gestão. Por conseguinte, é necessária uma abordagem integrada holística e cumulativa para gerir as doenças complexas nas áreas estudadas (YesufEshte, MisganawMitiku, WondwesenShiferaw em 2012).

9:-O estudo avaliou os determinantes socioeconómicos do acesso e da utilização das TIC entre os agricultores do sudeste da Nigéria. Foram utilizadas técnicas de amostragem em várias fases na seleção de 240 agricultores como fonte de dados primários para o estudo, utilizando um questionário estruturado e validado. Foram utilizadas estatísticas descritivas e inferenciais na análise dos dados gerados pelo inquérito no terreno para o estudo. O resultado da análise mostrou que as seguintes variáveis socioeconómicas: idade, sexo, dimensão da família, nível de rendimento, filiação em sociedades cooperativas, experiência agrícola e distância do local das TIC foram estatisticamente significativas a 5% para o acesso dos agricultores às instalações das TIC, enquanto a idade, o sexo, o nível de escolaridade, o nível de rendimento, a filiação em sociedades cooperativas e a presença de infra-estruturas associadas às TIC foram estatisticamente significativas a 5% para o nível de utilização das TIC pelos agricultores na zona. Isto mostra que estas variáveis são determinantes importantes para o acesso e a utilização das TIC pelos agricultores. O resultado da análise fatorial mostrou que os factores infra-estruturais, técnicos e socioeconómicos condicionaram o acesso e a utilização das TIC pelos agricultores. O estudo recomenda a institucionalização de programas como a extensão, a educação, a formação, etc., que promovam o desenvolvimento destas variáveis socioeconómicas, o reforço da utilização das TIC contemporâneas, como o telefone e a Internet, em vez das TIC convencionais, como a rádio e a televisão, através da prestação de serviços de aconselhamento aos agricultores sobre a forma de reunir os seus recursos com o objetivo de criar um centro de visionamento rural, a prestação de formação adequada sobre a utilização das TIC para uma maior eficácia do acesso e da utilização das TIC nas operações agrícolas no Sudeste da Nigéria (Ezeh Ann Nnenna, Eze A.V., Aleke B., 2010).

10:-Ao aumentar a procura de uma gestão eficaz da água devido às alterações climáticas, a produção futura de arroz dependerá do desenvolvimento e da adoção de estratégias e práticas que utilizem um regime de aplicação de água eficiente. O objetivo foi avaliar os impactos de diferentes aplicações de irrigação na produtividade do arroz de sequeiro no contexto de futuras alterações climáticas, utilizando o modelo QUACROP. Foram realizadas duas experiências utilizando um desenho de blocos completos aleatórios com 4 replicações na estação e na exploração agrícola na região norte do Gana nas estações secas de 2012/2013 e 2013/2014. Os tratamentos foram: irrigação de superfície com água aplicada igual a: teor de humidade da capacidade de campo (Wl); teor de humidade do solo saturado (W2); inundação contínua até ao nível de 10 cm, utilizado como controlo (W3); lOETc (W4) e 15ETc (W5). Uma variedade de arroz de 115 dias, Gbewaa (Jasmine 85) foi utilizada para as experiências. Foram recolhidos dados sobre a cobertura da copa, biomassa, rendimento de grãos e índice de colheita. Os resultados das simulações sugeriram que o aumento das temperaturas médias afectará o rendimento do arroz, a biomassa, o índice de colheita e a produtividade da água ET para os vários regimes de aplicação de água, se aumentar de 1 a 4 oC, sendo +5oC altamente prejudicial para o crescimento e rendimento do arroz na Região Norte do Gana.Shaibu (Abdul Ganiyu, Nicholas KyeiBaffour, Wilson AgyeiAgyar, Wilson Dogbe em 2012-13).

11. A globalização crescente veio agravar os problemas com que se defrontam as pequenas explorações agrícolas. As políticas de enormes subsídios e de proteção dos países desenvolvidos têm efeitos negativos para os pequenos agricultores dos países em desenvolvimento. Se não for dado apoio às pequenas explorações, a globalização pode tornar-se vantajosa para as grandes explorações. A liberalização do comércio teve um impacto negativo na economia agrícola das culturas da região, como as plantações, o algodão e as sementes oleaginosas, em que o comércio externo é importante. Com a liberalização, a questão da eficiência tornou-se altamente relevante, uma vez que a produção nacional tem de competir com produtos de outros países. Nos últimos anos, os preços internos de vários produtos de base agrícolas tornaram-se mais elevados do que os preços internacionais. A Índia não está em condições de controlar a importação de um grande número de produtos de base, mesmo com direitos aduaneiros elevados. Esta situação verifica-se não só no caso das importações provenientes de países desenvolvidos, onde a agricultura é altamente subsidiada, mas também no caso dos produtos provenientes de países em desenvolvimento. A Índia enfrenta uma forte concorrência de importações de produtos como o óleo de palma da Malásia e da Indonésia, as especiarias do Vietname, da China e da Indonésia, o chá do Sri Lanka e o arroz da Tailândia e do

Vietname. Para competir no mercado mundial, o país precisa de reduzir vários custos pós-colheita e empreender reformas adequadas para melhorar a eficiência dos mercados internos e dos sistemas de distribuição. Por conseguinte, para poder competir com êxito num regime de comércio liberalizado, é necessária uma mudança de paradigma, passando da mera maximização do crescimento para um crescimento eficiente. Para os agricultores, talvez o efeito mais negativo tenha sido a combinação de preços baixos e volatilidade da produção de culturas de rendimento. O efeito da volatilidade dos preços internacionais na agricultura nacional deve ser controlado através do alinhamento das tarifas com a evolução da situação dos preços (Comissão de Planeamento, 2007).

12. As alterações climáticas constituem um grande desafio para a agricultura, a segurança alimentar e os meios de subsistência rurais de milhões de pessoas, incluindo os pobres na Índia. O impacto negativo será maior nos pequenos agricultores. Prevê-se que as alterações climáticas tenham um impacto adverso nas condições de vida dos agricultores, dos pescadores e das pessoas dependentes da floresta, que já são vulneráveis e sofrem de insegurança alimentar. As comunidades rurais, em especial as que vivem em ambientes já frágeis, enfrentam um risco imediato e crescente de maior quebra de colheitas, perda de gado e menor disponibilidade de produtos marinhos, aquícolas e florestais. Estas alterações teriam efeitos adversos na segurança alimentar e nos meios de subsistência dos pequenos agricultores, em particular. A fim de adotar políticas sensíveis às alterações climáticas e favoráveis aos pobres, é necessário concentrar-se nos pequenos agricultores. A adaptação e a atenuação das alterações climáticas no sector agrícola podem trazer benefícios para os pequenos agricultores. As estratégias de sobrevivência seriam úteis para a adoção de estratégias de adaptação a longo prazo. Existe um potencial significativo para os pequenos agricultores sequestrarem o carbono do solo se forem implementadas reformas políticas adequadas. É reconhecida a importância da ação colectiva na adaptação e atenuação das alterações climáticas. A investigação e a prática demonstraram que as instituições de ação colectiva são muito importantes para a transferência de tecnologia na agricultura e na gestão dos recursos naturais entre os pequenos agricultores e as comunidades dependentes dos recursos.

13. A água é o principal fator de produção na agricultura. O desenvolvimento da irrigação e da gestão da água é crucial para elevar os níveis de vida nas zonas rurais. A agricultura tem de competir pela água com a urbanização, a água potável e a industrialização. Como já foi referido, as pequenas explorações agrícolas dependem mais das águas subterrâneas do que os grandes agricultores que têm mais acesso à água dos canais. As águas subterrâneas estão a esgotar-se em muitas zonas da Índia. Os pequenos agricultores e os agricultores marginais vão enfrentar mais problemas no que respeita à água no futuro. Por conseguinte, a gestão da água será crucial para estes agricultores (ver mais adiante).

14. A dieta indiana tem vindo a diversificar-se, passando dos cereais para produtos de elevado valor, como o leite e os produtos à base de carne, bem como os legumes e a fruta. O aumento da classe média devido à rápida urbanização, ao aumento do rendimento per capita, ao aumento da participação das mulheres nos empregos urbanos e ao impacto da globalização tem sido largamente responsável pela diversificação da dieta na Índia. Os produtos de elevado valor atraíram a atenção da classe média em expansão e o resultado é visível na procura crescente de produtos transformados de elevado valor. A procura de cereais não alimentares está a aumentar na Índia. A elasticidade da despesa para os produtos alimentares não-cereais é ainda bastante elevada na Índia. É três vezes mais elevada do que a dos cereais nas zonas rurais e mais de dez vezes mais elevada nas zonas urbanas. O consumo per capita de frutos e produtos hortícolas registou o maior crescimento, seguido dos óleos alimentares. A diversificação para culturas de elevado valor e actividades conexas é uma das fontes importantes para aumentar o crescimento agrícola. Uma vez que o risco de diversificação é elevado, é necessário um apoio em matéria de infra-estruturas e de comercialização. A política de preços deve igualmente incentivar a diversificação. Os pequenos agricultores e os agricultores marginais podem obter rendimentos mais elevados graças à diversificação. No entanto, a transição para a diversificação comporta riscos, uma vez que os sistemas de apoio são mais orientados para os cereais alimentares. É necessário criar sistemas de apoio à diversificação para ajudar os pequenos agricultores.

15. Existem provas suficientes que sugerem que os agregados familiares pobres e os mais pobres dos pobres são vulneráveis a uma série de riscos que afectam indivíduos, agregados familiares ou comunidades inteiras e que podem ter um efeito devastador nos seus meios de subsistência e bem-estar. Estão mais expostos a uma série de riscos a nível individual ou familiar. Alguns deles são: (a) choques sanitários: doença, ferimentos, acidentes, deficiência; (b) risco do mercado de trabalho: muitos trabalham no sector informal e têm um elevado risco de desemprego e subemprego; (c) riscos de colheita, riscos do ciclo de vida, riscos sociais e riscos especiais para grupos vulneráveis. Além disso, estão expostos a riscos comunitários, tais como secas, inundações, ciclones, políticas de ajustamento estrutural, etc. Os pequenos agricultores e os agricultores marginais são vulneráveis a todos estes riscos. A maior parte dos mecanismos de sobrevivência seguidos pelas famílias são: empréstimos, venda de activos, despesas com poupanças, assistência de familiares e do governo, aumento da oferta de trabalho, trabalho infantil, trabalho forçado, redução do consumo, migração, etc. São necessários programas globais de proteção social para fazer face aos efeitos negativos dos riscos e das vulnerabilidades. A Índia tem muitos programas de proteção social. Os principais programas actuais para os pobres na Índia dividem-se em quatro grandes categorias: (i) transferência de alimentos, como o sistema de distribuição pública (PDS) e nutrição suplementar (ii) autoemprego (iii) emprego assalariado e (iv) programas de segurança social para trabalhadores não organizados. A eficácia destes programas tem de ser melhorada para que os pequenos agricultores e os agricultores marginais possam também beneficiar destes programas. Os programas de seguro das colheitas e os mercados futuros devem ser reforçados para reduzir os riscos em matéria de preços e de rendimentos.

2.2 Quadro teórico

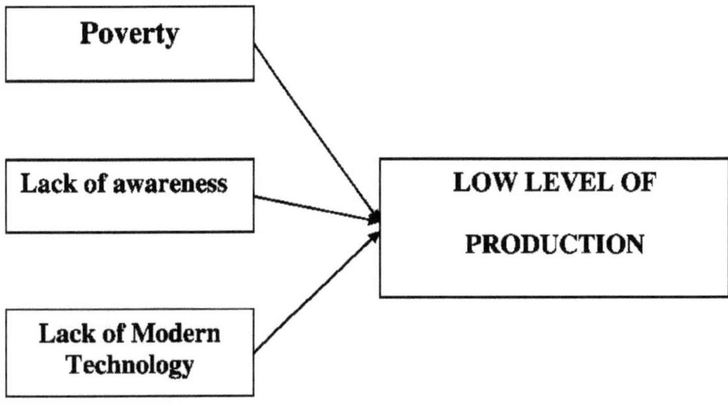

2.3 Hipótese

Hl: A pobreza leva a uma baixa produção.

H2: Existe uma relação entre a falta de sensibilização e a baixa produção.

H3: Existe uma relação entre a Falta de Tecnologia Modem e a Baixa Produção.

CAPÍTULO 3

3.1 CONCEPÇÃO DA INVESTIGAÇÃO

3.1.1 Introdução

Neste capítulo, são discutidos os pormenores da conceção do estudo de investigação baseado no tema "Problemas dos pequenos agricultores relativamente ao baixo nível de produção no sector agrícola". Na primeira parte, discute-se a escolha do método de investigação. Em seguida, as etapas e fases envolvidas na escolha do método de investigação são seguidas de forma estrutural para levar a cabo a investigação do tema em questão. Este capítulo também desenvolveu um projeto de investigação.

Foi criado um questionário de investigação. A escala de medição das respostas às questões de investigação dos agricultores de Tehsil Kharian, distrito de Gujrat. Esta recolha de dados contribuiu para as conclusões e a análise da investigação efectuada.

3.1.2 Motivos de investigação

De acordo com o meu tema de investigação, "Problemas dos pequenos agricultores em relação ao baixo nível de produção no sector agrícola", foram recolhidos os dados necessários, graças à valiosa orientação dada pelo meu supervisor e pelos alunos mais velhos. O processo de investigação decorreu sem sobressaltos e a compreensão do tema não foi demasiado entediante para mim.

3.1.3 Seleção do método de investigação

No que diz respeito à filosofia, a redação de uma dissertação refere-se à investigação racional das verdades. No que diz respeito às filosofias, o investigador adoptou o positivismo porque os investigadores acreditam nos dados quantitativos. Por conseguinte, o investigador utilizou a abordagem quantitativa da recolha de dados para o presente estudo. A abordagem da investigação foi conduzida de forma indutiva, de modo a que os dados gerados pudessem ser utilizados para criar uma teoria para a investigação.

A estratégia de investigação foi adaptada à metodologia recomendada por Saunders et al., (2007). Os questionários e o inquérito constituem a estratégia de investigação. Como já foi referido, a investigação primária baseou-se nos dados recolhidos em entrevistas presenciais e em questionários. Por outro lado, a investigação secundária incluiu a Internet, comunicados de imprensa, jornais e revistas, bem como literatura relevante (Saunders et al., 2007). Foi elaborado um questionário estruturado com base em perguntas fechadas. O investigador adoptou técnicas de entrevista presencial em função da disponibilidade e da viabilidade do entrevistado. As respostas foram geradas a partir das entrevistas (perguntas do inquérito) e registadas em papel, para que a exatidão pudesse ser garantida através de uma verificação cruzada.

Considerando o facto de que a seleção do método de investigação pode afetar fortemente as conclusões, é imperativo escolher o método correto. O método de investigação pode basicamente influenciar os fundamentos ou os factores que controlam o fenómeno.

É também imperativo que a seleção do método seja feita tendo em consideração as abordagens e os limites de acesso do investigador. Vários aspectos ou factores que podem influenciar o processo de investigação podem ser os fundos disponíveis, a viabilidade, o tempo, a moral, as crenças, as medidas, etc. Num processo de conceção da investigação, factores como a ética, os fundos e o tempo e a questão de investigação desempenham um papel importante (Loseke, et al., 2007). Estes factores são geralmente incluídos antes de se tomarem em consideração as caraterísticas estatísticas e de se analisarem as metodologias preferidas e escolhidas para as disciplinas científicas.

O facto de cada investigação ter em conta várias negociações, generalizações e suposições, o investigador deve tentar reduzi-las e tornar o processo de investigação mais sensato e prático. As experiências de investigação quantitativa são bastante fáceis de definir e explicar (Creswell, 2003).

3.1.4 Estudo descritivo
O investigador utilizou um estudo transversal descritivo, que se insere no domínio das metodologias quantitativas. É mais conveniente para o investigador neste curto espaço de tempo.

3.1.5 Tipo de secção transversal
Em primeiro lugar, o método deste estudo também envolveu tipos transversais de metodologia de investigação com base na orientação dada por Bryman e Bell (2007). Os seus relatórios referem que os estudos transversais são uma metodologia positiva concebida para obter informações sobre factores ou variáveis em contextos diferentes, mas ao mesmo tempo.

Em segundo lugar, a análise descritiva refere-se à transformação de dados brutos numa forma que forneça informações para descrever um conjunto de factores numa situação que os torne fáceis de compreender e interpretar (Bryman e Bell, 2007).

Os dados recolhidos sobre as variáveis demográficas foram tratados e apresentados em percentagens.

A investigação foi efectuada nos limites geográficos de Tehsil Kharian, distrito de Gujrat. A investigação é uma atividade funcional e com objectivos definidos.

O estudo de investigação foi quantitativo. A dimensão da amostra foi de 100 pessoas provenientes de Tehsil Kharian, distrito de Gujrat. Foi utilizada uma técnica de amostragem não probabilística para recolher os dados através de um questionário elaborado pelo investigador. O SPSS 17.0 foi utilizado para a análise dos dados. O teste de fiabilidade foi aplicado para verificar a consistência interna do questionário e, em seguida, a correlação e a regressão foram aplicadas para testar a hipótese.

3.2 POPULAÇÃO

A população deste estudo é a seguinte

3.2.1 Introdução

Uma prática estatística bem sucedida baseia-se na definição de problemas específicos. Na amostragem, isto inclui a definição da população da qual a amostra é retirada. Uma população pode ser definida como incluindo todas as pessoas ou objectos com a caraterística que se pretende compreender. Uma vez que raramente há tempo ou dinheiro suficientes para recolher informações de todos ou de tudo numa população, o objetivo passa a ser encontrar uma amostra representativa (ou subconjunto) dessa população (Creswell, 2003).

Por vezes, o que define uma população é óbvio. Por exemplo, um fabricante precisa de decidir se um lote de material proveniente da produção tem qualidade suficiente para ser entregue ao cliente ou se deve ser enviado para refugo ou retrabalho devido a má qualidade. Neste caso, o lote é a população.

Embora a população de interesse consista frequentemente em objectos físicos, por vezes é necessário proceder a uma amostragem ao longo do tempo, do espaço ou de uma combinação destas dimensões. Por exemplo, uma investigação sobre o pessoal de um supermercado poderia examinar o comprimento das filas de caixa em vários momentos, ou um estudo sobre pinguins em vias de extinção poderia ter como objetivo compreender a sua utilização de vários locais de caça ao longo do tempo. Relativamente à dimensão temporal, a atenção pode centrar-se em períodos ou ocasiões discretas, tal como descrito por Emory, et al., (1991).

Noutros casos, a nossa "população" pode ser ainda menos tangível. Por exemplo, Joseph Jagger estudou o comportamento das rodas da roleta num casino em Monte Carlo e utilizou-o para identificar uma roda tendenciosa. Neste caso, a "população" que Jagger queria investigar era o comportamento global da roda (ou seja, a distribuição de probabilidades dos seus resultados ao longo de um número infinito de ensaios), enquanto a sua "amostra" era constituída pelos resultados observados dessa roda. Considerações semelhantes surgem quando se fazem medições repetidas de alguma caraterística física, como a condutividade eléctrica do cobre (Denzin, et al., 2005).

Esta situação surge frequentemente quando se procura obter conhecimentos sobre o sistema de causas do qual a população observada é um resultado. Nestes casos, a teoria da amostragem pode tratar a população observada como uma amostra de uma "super população" maior. Por exemplo, um investigador pode estudar a taxa de sucesso de um novo programa para "deixar de fumar" num grupo de teste de 100 doentes, a fim de prever os efeitos do programa se este fosse disponibilizado a nível nacional. Neste caso, a super população é "toda a gente no país, com acesso a este tratamento" - um grupo que ainda não existe, uma vez que o programa ainda não está disponível para todos. (Lindlof & Taylor, 2002)

3.2.2 População-alvo da presente investigação

A população inclui basicamente o grupo completo de inquiridos ou as pessoas, ocasiões, ocorrências e coisas de interesse para o investigador para a sua análise e investigação. No processo de investigação, os meus inquiridos eram agricultores de Tehsil Kharian, distrito de Gujrat. No processo de investigação, os elementos referem-se a um único inquirido ou a um inquirido individual.

A população incluía agricultores de Tehsil Kharian, distrito de Gujrat.

3.3 TÉCNICA DE AMOSTRAGEM

Foi utilizada a técnica de amostragem não probabilística baseada no julgamento para recolher os dados através de questionários.

3.3.1 Introdução técnica de amostragem

No caso mais simples, como a condenação de um lote de material da produção (amostragem de aceitação por lotes), é possível identificar e medir cada um dos itens da população e incluir qualquer um deles na nossa amostra. No entanto, no caso mais geral, isso não é possível. Não há forma de identificar todos os ratos no conjunto de todos os ratos. Quando o voto não é obrigatório, não há forma de identificar quais as pessoas que irão efetivamente votar numa próxima eleição (antes da eleição). Estas populações imprecisas não são passíveis de amostragem de nenhuma das formas abaixo descritas e às quais poderíamos aplicar a teoria estatística (Saunders, et al., 2007).

Como solução, procuramos uma base de amostragem que tenha a propriedade de podermos identificar todos os elementos e incluí-los na nossa amostra. O tipo mais simples de base de amostragem é uma lista de elementos da população (de preferência, toda a população) com informações de contacto adequadas. Por exemplo, numa sondagem de opinião, as bases de amostragem possíveis incluem um registo eleitoral e uma lista telefónica (Crotty, 1998).

Os investigadores utilizam técnicas de amostragem para concluir as suas investigações com base numa amostra selecionada que possui todas as caraterísticas da amostra e que também é útil na recolha de dados (Aneshensel, 2002).

3.3.2   Amostragem probabilística e não probabilística

3.3.2.1 Amostragem probabilística

Um sistema de amostragem probabilística é aquele em que cada unidade da população tem uma probabilidade (maior do que zero) de ser selecionada na amostra, e esta probabilidade pode ser determinada com precisão. A combinação destas caraterísticas permite produzir estimativas não enviesadas dos totais da população, ponderando as unidades amostradas de acordo com a sua probabilidade de seleção. (Lindlof e Taylor, 2002)

Exemplo: Queremos estimar o rendimento total dos adultos que vivem numa determinada rua. Visitamos cada casa dessa rua, identificamos todos os adultos que aí vivem e seleccionamos aleatoriamente um adulto de cada casa. (Por exemplo, podemos atribuir a cada pessoa um número aleatório, gerado a partir de uma distribuição uniforme entre 0 e 1, e selecionar a pessoa com o número mais elevado em cada agregado familiar). Em seguida, entrevista-se a pessoa selecionada e determina-se o seu rendimento. As pessoas que vivem sozinhas são certamente selecionadas, pelo que nos limitamos a adicionar o seu rendimento à nossa estimativa do total. Mas uma pessoa que viva num agregado de dois adultos tem apenas uma hipótese em duas de ser selecionada. Para refletir este facto, quando chegamos a um agregado familiar deste tipo, contamos duas vezes o rendimento da pessoa selecionada para o total. (A pessoa que é selecionada desse agregado familiar pode ser vista como representando também a pessoa que não é selecionada).

No exemplo anterior, nem todas as pessoas têm a mesma probabilidade de seleção; o que faz com que seja uma amostra probabilística é o facto de a probabilidade de cada pessoa ser conhecida. Quando todos os elementos da população têm a mesma probabilidade de seleção, trata-se de um delineamento de "igual probabilidade de seleção" (EPS). Estas concepções são também designadas por "auto-ponderação", porque todas as unidades de amostragem têm o mesmo peso (Denzin e Lincoln, 2005).

A amostragem probabilística inclui: Amostragem aleatória simples, amostragem sistemática, amostragem estratificada, amostragem proporcional à dimensão e amostragem por conglomerados ou multiestágio. Estas várias formas de amostragem probabilística têm duas coisas em comum:

1. Cada elemento tem uma probabilidade conhecida diferente de zero de ser amostrado e
2. Envolve a seleção aleatória em algum momento.

3.3.2.2 Não probabilística

A amostragem não probabilística é um método de amostragem em que alguns elementos da população *não* têm *qualquer* hipótese de serem selecionados (por vezes designados por "não cobertos" *ou* "subcobertos") ou em que a probabilidade de seleção não pode ser determinada com precisão. Envolve a seleção de elementos com base em pressupostos relativos à população de interesse, que constitui o critério de seleção. Assim, uma vez que a seleção de elementos não é aleatória, a amostragem não probabilística não permite a estimativa de erros de amostragem. Estas condições dão origem a enviesamentos de exclusão, limitando a quantidade de informação que uma amostra pode fornecer sobre a população. A informação sobre a relação entre a amostra e a população é limitada, o que dificulta a extrapolação da amostra para a população. (Lindlof e Taylor, 2002)

Exemplo: Visitamos todas as casas de uma determinada rua e entrevistamos a primeira pessoa que abre a porta. Em qualquer agregado familiar com mais do que um ocupante, trata-se de uma amostra não probabilística, porque algumas pessoas têm mais probabilidades de abrir a porta (por exemplo, uma pessoa desempregada que passa a maior parte do tempo em casa tem mais probabilidades de responder do que um colega de casa empregado que pode estar a trabalhar quando o entrevistador chama) e não é prático calcular estas probabilidades. (Lindof e Taylor, 2002)

Os métodos de amostragem não probabilística incluem a amostragem acidental, a amostragem por quotas e a amostragem intencional. Além disso, os efeitos de não-resposta podem transformar *qualquer* conceção probabilística numa conceção não-probabilística se as caraterísticas da não-resposta não forem bem compreendidas, uma vez que a não-resposta modifica efetivamente a probabilidade de cada elemento ser amostrado.

3.3.2.3 Amostragem aleatória simples

Numa amostra aleatória simples (AAS) de uma determinada dimensão, todos os subconjuntos do quadro têm a mesma probabilidade. Assim, cada elemento do quadro tem a mesma probabilidade de ser selecionado: o quadro não é subdividido ou particionado. Além disso, qualquer *par* de elementos tem a mesma probabilidade de seleção que qualquer outro par (e da mesma forma para os triplos, e assim por diante). Este facto minimiza o enviesamento e simplifica a análise dos resultados. Em particular, a variância entre resultados individuais dentro da amostra é um bom indicador da variância na população em geral, o que torna relativamente fácil estimar a exatidão dos resultados.

No entanto, a SRS pode ser vulnerável a erros de amostragem porque a aleatoriedade da seleção pode resultar numa amostra que não reflecte a composição da população. Por exemplo, uma amostra aleatória simples de dez pessoas de um determinado país produzirá, *em média,* cinco homens e cinco mulheres, mas é provável que um determinado ensaio represente mais um sexo e menos o outro. As técnicas sistemáticas e estratificadas, analisadas mais adiante, tentam ultrapassar este problema utilizando informações sobre a população para selecionar uma amostra mais representativa. (Denzin e Lincoln, 2005)

O SRS também pode ser complicado e tedioso quando a amostragem é efectuada a partir de uma população-alvo invulgarmente grande. Em alguns casos, os investigadores estão interessados em questões de investigação específicas para subgrupos da população.

A amostragem aleatória simples é sempre uma conceção de RPE (igual probabilidade de seleção), mas nem todas as concepções de RPE são amostras aleatórias simples.

3.3.   3Amostragem não probabilística   utilizada no presente estudo

O investigador desenvolveu um instrumento de inquérito sob a forma de um questionário fechado para recolher os principais dados do estudo. Este estudo foi realizado em Tehsil Kharian, distrito de Gujrat.

Para selecionar a dimensão da amostra, foram tidos em conta factores como a precisão e a confiança, a dimensão da população e as limitações de tempo e de custos. Utilizando a técnica de amostragem não probabilística, foram selecionados 100 inquiridos como amostra do estudo. Os inquiridos provêm de várias faculdades, de modo a proporcionar uma melhor mistura entre académicos empresariais e não empresariais, bem como em termos de mistura racial entre os inquiridos, para aumentar a generalização dos resultados. O inquérito no terreno foi realizado durante um período de duas semanas, tendo sido utilizadas entrevistas pessoais para obter as informações necessárias dos inquiridos.

No âmbito da técnica de amostragem não probabilística, o investigador utilizou a técnica de amostragem por "julgamento".

3.3.3.1A   razão para selecionar a técnica de amostragem não probabilística

Em primeiro lugar, esta técnica é fácil e adequada à minha abordagem de investigação. Em segundo lugar, implica a seleção de elementos com base em pressupostos relativos à população de interesse, que constituem os critérios de seleção.

Foi aplicada uma técnica de amostragem não probabilística, como a amostragem por julgamento ou a amostragem por conveniência.

3.4 TAMANHO DA AMOSTRA

A dimensão da amostra foi de 100 agricultores de Tehsil Kharian, distrito de Gujrat.

3.5 INSTRUMENTO DE INVESTIGAÇÃO

3.5.1 Instrumentos de recolha de dados

3.5.1.1 Introdução

Uma boa recolha de dados implica:

- Seguindo o processo de amostragem definido
- Manter os dados em ordem temporal
- Registar comentários e outros eventos contextuais
- Registo de não respostas

A maioria dos livros e artigos sobre amostragem escritos por não estatísticos centra-se apenas no aspeto da recolha de dados, que é apenas uma pequena parte, embora importante, do processo de amostragem.

1.1.1.2 Erros nos inquéritos por amostragem

Os resultados dos inquéritos estão normalmente sujeitos a algum erro. Os erros totais podem ser classificados em erros de amostragem e erros não relacionados com a amostragem. O termo "erro" inclui aqui tanto as distorções sistemáticas como os erros aleatórios.

1.1.1.3 Erros de amostragem e enviesamentos

Os erros e enviesamentos da amostragem são induzidos pela conceção da amostra. Estes incluem:

1. **Enviesamento de seleção:** Quando as verdadeiras probabilidades de seleção diferem das assumidas no cálculo dos resultados.
2. **Erro de amostragem aleatória:** Variação aleatória nos resultados devido ao facto de os elementos da amostra serem selecionados aleatoriamente.

1.1.1.4 Erro de não amostragem

Os erros não relacionados com a amostragem são causados por outros problemas na recolha e no tratamento dos dados. Incluem:

1. **Cobertura excessiva:** Inclusão de dados de fora da população.
2. **Não cobertura:** A base de amostragem não inclui elementos da população.
3. **Erro de medição:** Por exemplo, quando os inquiridos não compreendem corretamente uma pergunta ou têm dificuldade em responder.
4. **Erro de processamento:** Erros na codificação dos dados.
5. **Não resposta:** Não obtenção de dados completos de todos os indivíduos selecionados.

Após a amostragem, deve proceder-se a uma revisão do processo exato seguido na amostragem, em vez do pretendido, a fim de estudar os efeitos que eventuais divergências possam ter na análise subsequente. Um problema específico é o da *não resposta.*

Existem dois tipos principais de não-resposta: a não-resposta por unidade (que se refere à falta de preenchimento de qualquer parte do inquérito) e a não-resposta por item (apresentação ou participação no inquérito, mas sem preenchimento de uma ou mais componentes/perguntas do inquérito). Na amostragem de inquéritos, muitos dos indivíduos identificados como parte da amostra podem não querer participar, não ter tempo para participar (custo de oportunidade) ou os administradores do inquérito podem não ter conseguido contactá-los. Neste caso, existe o risco de haver diferenças entre inquiridos e não inquiridos, o que conduz a estimativas distorcidas dos parâmetros da população. Este problema é muitas vezes resolvido melhorando a conceção do inquérito, oferecendo incentivos e realizando estudos de acompanhamento que tentam repetidamente contactar as pessoas que não responderam e caraterizar as suas semelhanças e diferenças com o resto da amostra. Os efeitos também podem ser atenuados através da ponderação dos dados, quando existem parâmetros de referência da população, ou da imputação de dados com base nas respostas a outras perguntas.

A não-resposta é particularmente problemática na amostragem pela Internet. As razões para este problema incluem inquéritos mal concebidos, excesso de inquéritos (ou fadiga dos inquéritos) e o facto de os potenciais participantes terem vários endereços de correio eletrónico, que já não utilizam ou não consultam regularmente.

1.1.1.5 Pesos do inquérito

Em muitas situações, a fração da amostra pode variar de acordo com o estrato e os dados terão de ser ponderados para representar corretamente a população. Assim, por exemplo, uma amostra aleatória simples de indivíduos no Reino Unido pode incluir alguns em ilhas escocesas remotas, cuja amostragem seria extremamente dispendiosa. Um método mais económico consistiria em utilizar uma amostra estratificada com estratos urbanos e rurais. A amostra rural poderia estar sub-representada na amostra, mas ser devidamente ponderada na análise para compensar.

Em termos mais gerais, os dados devem normalmente ser ponderados se a conceção da amostra não der a cada indivíduo uma oportunidade igual de ser selecionado. Por exemplo, quando os agregados familiares têm probabilidades de seleção iguais, mas é entrevistada uma pessoa de cada agregado familiar, isto dá às pessoas de agregados familiares grandes uma menor possibilidade de serem entrevistadas. Este facto pode ser tido em conta utilizando as ponderações do inquérito. Do mesmo modo, os agregados familiares com mais de uma linha telefónica têm uma maior probabilidade de serem selecionados numa amostra de marcação aleatória de dígitos, e os ponderadores podem ajustarse a este facto.

As ponderações podem também servir outros objectivos, como ajudar a corrigir a não resposta.

1.1.2 Desenvolvimento de instrumentos para a recolha de dados do presente estudo

O inquérito por questionário e as observações foram os principais instrumentos de recolha de dados primários. Estas duas técnicas têm simultaneamente méritos e deméritos. No entanto, havia um conjunto normalizado de perguntas que ajudaram o investigador na recolha de dados.

1.1.3 Selecionar o questionário de inquérito como instrumento de recolha de dados para o presente estudo

A conceção do questionário para este estudo foi orientada por direcções específicas para a operacionalização das respostas dos inquiridos (Schwab, 1999).

3.6 RECOLHA DE DADOS PRIMÁRIOS

O questionário desenvolvido neste estudo foi distribuído à população mencionada.

3.7 RECOLHA DE DADOS SECUNDÁRIOS

O investigador tentou o melhor possível recolher dados secundários de fontes autênticas, como livros, revistas e Internet. Tanto quanto o investigador sabe, este tipo de dados não está disponível em Lahore.

3.8 PLANO DE ESTUDO

Uma vez que o investigador não tinha feito nada em matéria de trabalho de investigação anteriormente, foi necessário um período de mais de 12 semanas para satisfazer as necessidades desta investigação. O investigador seguiu os seguintes passos para a recolha de dados:

* Recolha de dados de ensaios, revistas da Internet e periódicos para 2nd capítulo que é a revisão da literatura.
* Os dados foram recolhidos junto de agricultores comuns de kharian distrct gujrat durante 4th capítulo que é a análise dos dados.
* Conclusão da integração de todo o trabalho de investigação
* Conceber um rascunho com base na investigação e, em seguida, dar a sua forma final

3.8.1 Factores éticos

A ética é sempre importante, como é o caso do trabalho de investigação (Aneshensel, 2002):

* O investigador tentou ser rigoroso quanto aos horários.
* O investigador foi contactado apenas com os inquiridos visados.

- O investigador ficou com os limites que estão a ser concebidos.

- Não foi feita ao investigador nenhuma pergunta que criasse stress.

- Os inquiridos foram contactados dentro de prazos razoáveis.

- O investigador não foi incomodado por ninguém para recolher as informações.

3.8.2 Calendário e diagrama de Gantt

Activities for dissertation	Times in weeks				
	1	2-4	5-8	9-10	11-12
Introduction and background	■				
Literature Review	■	■			
Research methodology design			■		
Data collection through survey questionnaire & field work			■	■	
Analysis of survey questionnaire, findings, and discussion on findings					■
Drawn Conclusion and give recommendations for further improvements					■
First draft					■
Editing					■
Final draft as well as Printing and binding etc					■

CAPÍTULO 4

ANÁLISE DE DADOS

Neste capítulo, o investigador analisou os dados relativos aos factores que afectam a rotação dos trabalhadores. Os dados **"Problemas dos pequenos agricultores relativamente ao baixo nível de produção no sector agrícola"** foram recolhidos através de um questionário especialmente concebido para este estudo. Em primeiro lugar, foi aplicado o procedimento estatístico de tabulação cruzada para investigar a relação entre as variáveis demográficas (sexo, idade e habilitações), que foram apresentadas sob a forma de gráficos e tabelas de dados com interpretação.

4.   1Distribuição de frequências para cada item do questionário

4.1.1Idade   do inquirido?

Quadro 4.1

		Frequency	Percentage
Age Level	20 – 30	25	25%
	31– 40	21	21%
	41 – 50	34	34%
	51 -- 60	20	20
	Total	100	100%

Gráfico 4.1

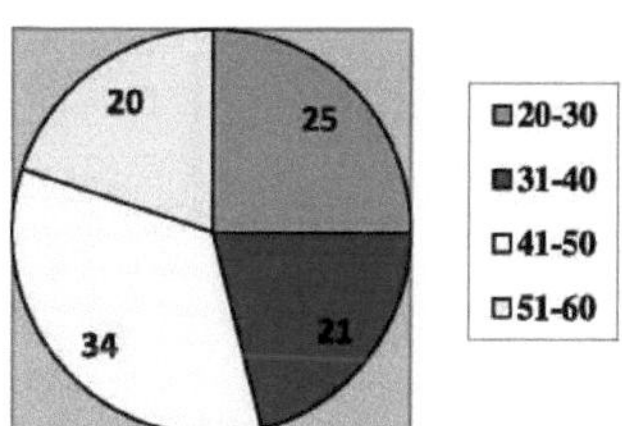

A Tabela 4.5 e o Gráfico 4.5 mostram a idade dos inquiridos. O investigador distribuiu a idade dos inquiridos por quatro categorias, ou seja, 20 a 30 anos, 31 a 40 anos, 41 a 50 anos e 51 a 60 anos. Como se pode ver no gráfico, 34% dos inquiridos pertencem à categoria etária dos 41-60 anos, mas apenas 20% pertencem à categoria etária dos 51-60 anos.

4.1. 2Estado civil dos inquiridos?

Quadro 4.2

		Frequency	Percentage
Marital Status	Married	81	81%
	Unmarried	19	19%
	Widow	0%	0%
	Divorced	0%	0%
	Total	100	100%

Gráfico 4.2

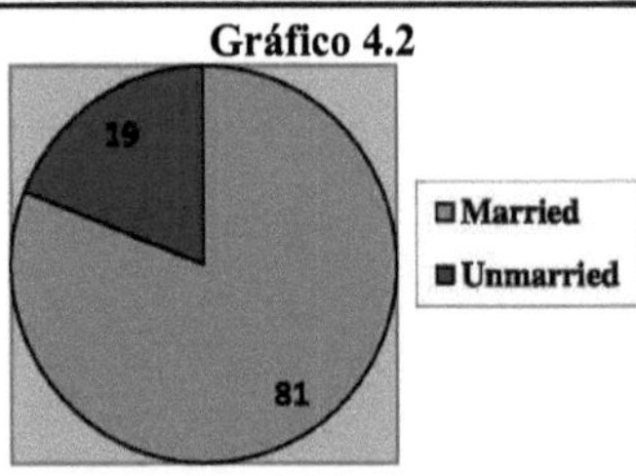

A Tabela 4.2 e o Gráfico 4.2 mostram o estado civil dos inquiridos. Como se pode ver no gráfico acima, a maioria dos inquiridos (81%) era casada e 19% solteira.

4.1.3 Tipo de família dos inquiridos?

Quadro 4.3

		Frequency	Percentage
Family Type	Joint	74	74%
	Nuclear	26	26%
	Total	100	100%

Gráfico 4.3

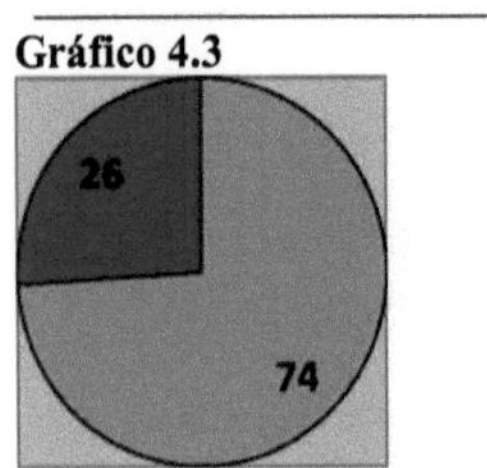
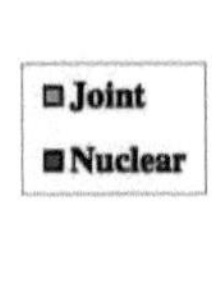

A Tabela 4.3 e o Gráfico 4.3 mostram o tipo de família dos inquiridos. O gráfico acima mostra que a maioria, 74%, era nuclear e os restantes inquiridos viviam num sistema familiar conjunto.

4.1.4 Educação dos inquiridos?

Quadro 4.4

		Frequency	Percentage
Education Level	Primary	27	27%
	Middle	28	28%
	Matriculation	32	32%
	Any other	13	13%
	Total	100	100%

Gráfico 4.4

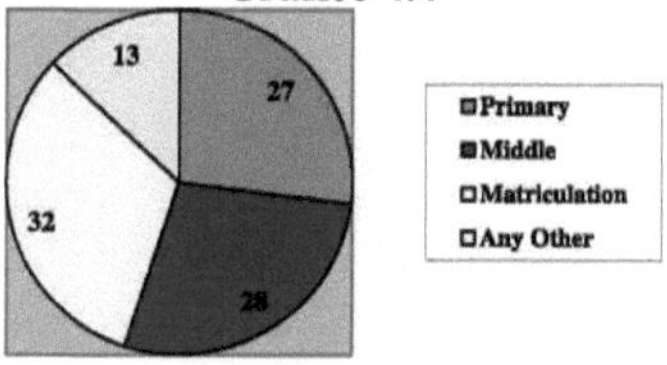

A Tabela 4.4 e o Gráfico 4.4 documentam as habilitações literárias dos inquiridos. A amostra foi constituída por pessoas com diferentes níveis de escolaridade. A maioria dos inquiridos (78%) tinha o ensino secundário. No entanto, 13% tinham outras habilitações literárias.

4.1.5 Rendimento familiar do inquirido?

Quadro 4.8

		Frequency	Percentage
Income	10000 to 15000	37	37%
	16000 to 20000	32	32%
	21000 to 25000	21	21%
	26000 and above	10	10%
	Total	100	100%

Gráfico 4.8

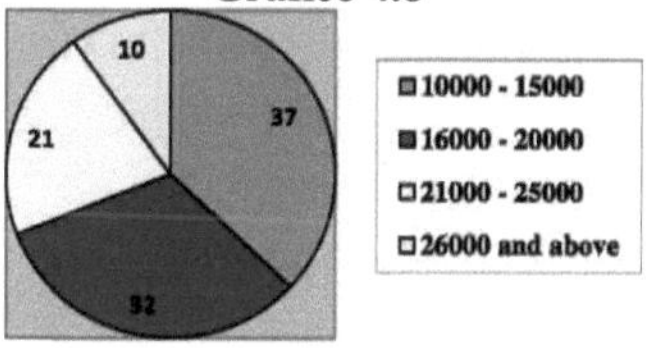

A Tabela 4.8 e o Gráfico 4.8 documentam os rendimentos dos inquiridos. Os resultados da tabela e do gráfico acima mostram que a maioria dos inquiridos, 37%, respondeu que tem rendimentos entre 10000 e 15000. No entanto, 10% tinham um rendimento superior a 26000 e 32% tinham um rendimento entre 21000 e 25000.

4.1.6 Dimensão da família dos inquiridos?

Quadro 4.5

		Frequency	Percentage
Family Size	2-4	10	10%
	5-7	59	59%
	8-10	26	26%
	11 and above	03	03%
	Total	100	100%

Gráfico 4.5

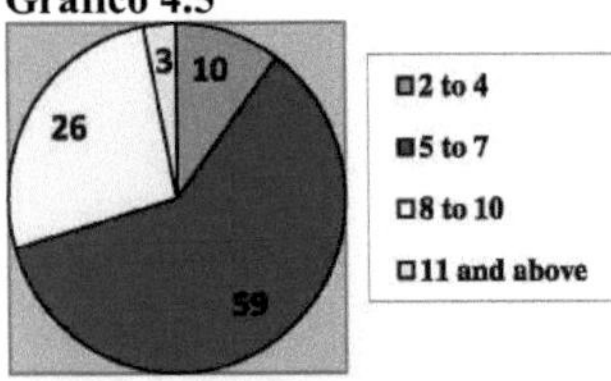

A Tabela 4.5 e o Gráfico 4.5 mostram o tamanho da família dos inquiridos. O gráfico acima mostra que a maioria dos inquiridos (59%) tinha uma família de 5 a 7 membros e os restantes (03%) tinham uma família grande.

4.1.7 É Empregador em alguma Ajuda?

Quadro 4.6

		Frequency	Percentage
Are you Employer in	Yes	32	32%
	No	68	68%
any field	**Total**	100	100%

Gráfico 4.6

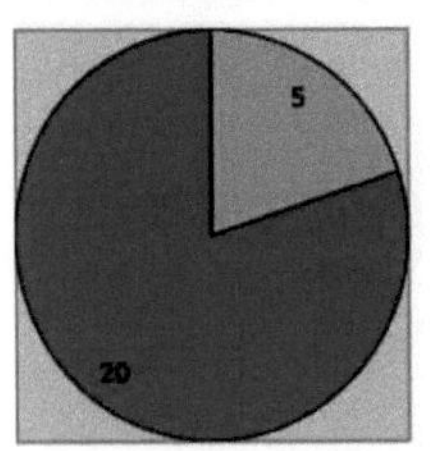

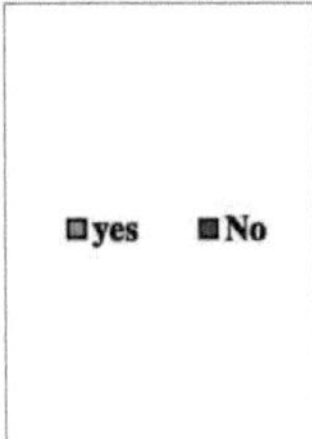

A Tabela 4.6 e o Gráfico 4.6 documentam o feedback dos inquiridos relativamente à pergunta "Trabalha por conta de outrem em alguma área". Os resultados da tabela e do gráfico acima mostram que a maioria dos inquiridos, 68%, trabalhavam por conta própria e os restantes 32% trabalhavam em qualquer área.

4.1.8 Tem o seu próprio terreno?

Quadro 4.7

		Frequency	Percentage
Do you have your	Yes	97	97%
	No	03	03%
own land	**Total**	100	100%

Gráfico 4.7

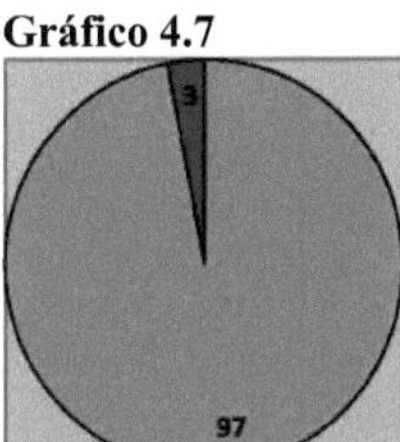

A Tabela 4.10 e o Gráfico 4.10 documentam o feedback dos inquiridos relativamente à pergunta "Tem terra própria". Os resultados da tabela e do gráfico acima mostram que a maioria dos inquiridos, 97%, tem a sua própria terra e os restantes não têm terra própria.

4.1.9 Dimensão da propriedade?

Quadro 4.8

		Frequency	Percentage
Land holding size	Less than 5 Acre	33	33%
	6 to 10 Acres	45	45%
	11 and above	22	22%
	Total	100	100%

Gráfico 4.8

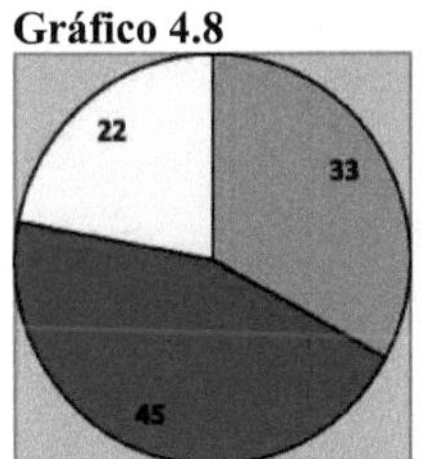

A Tabela 4.8 e o Gráfico 4.8 documentam o feedback dos inquiridos relativamente à questão "Dimensão da propriedade fundiária". Os resultados da tabela e do gráfico acima mostram que a maioria dos inquiridos possuía 6 a 10 acres, enquanto os restantes possuíam 11 e mais de 22%, respetivamente.

.1.10 Com que frequência cultiva as suas terras num determinado ano?

Quadro 4.9

		Frequency	Percentage
How often do you cultivate your land in given year	Once in a year	12	12%
	Twice in a year	68	68%
	More than twice in a year	20	20%
	Total	100	100%

Gráfico 4.9

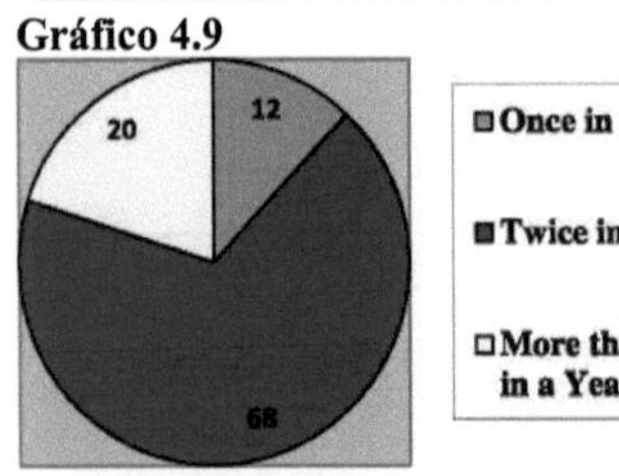

A Tabela 4.9 e o Gráfico 4.9 documentam o feedback dos inquiridos em relação à pergunta "Com que frequência cultiva a sua terra num determinado ano". Os resultados da tabela e do gráfico acima mostram que a maioria dos inquiridos, 68%, cultiva as suas terras duas vezes por ano. Um número menor de inquiridos cultiva as suas terras uma vez por ano.

4.1.11 Está a aplicar irrigação nas suas culturas?

Quadro 4.10

		Frequency	Percentage
Are you applying irrigation to your crops	Yes	88	88%
	No	12	12%
	Total	50	100%

Gráfico 4.10

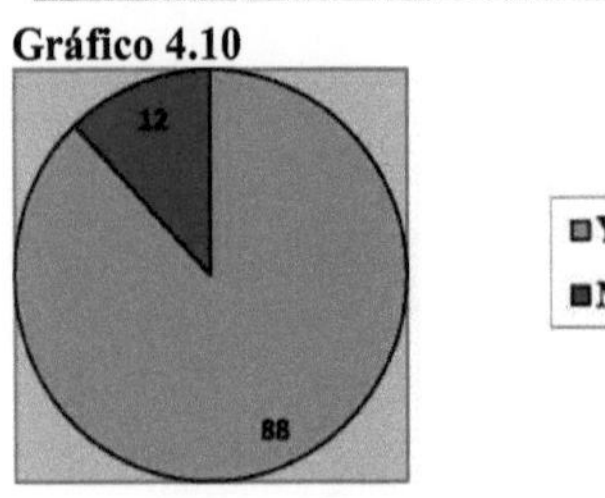

A Tabela 4.10 e o Gráfico 4.10 documentam o feedback dos inquiridos relativamente à questão "Aplica irrigação nas suas culturas". Os resultados da tabela e do gráfico acima mostram que a maioria dos inquiridos, 88%, aplicava irrigação nas suas culturas.

4.1.12 Tipo de irrigação utilizado pelo inquirido?

Quadro 4.11

		Frequency	Percentage
Kind of Irrigation	Stream/ River	53	53%
	Dam	1	1%
used by the	Borehole	39	39%
respondent	Any other	7	7%
	Total	100	100%

Gráfico 4.11

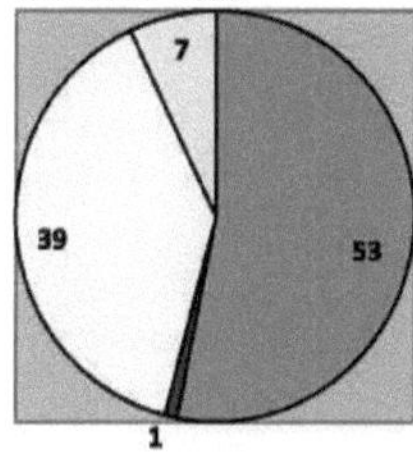

A Tabela 4.11 e o Gráfico 4.11 documentaram os inquiridos. Os resultados da tabela e do gráfico acima mostram que a maioria dos inquiridos, 53%, respondeu que utiliza vapor/rio para irrigação e um número menor de inquiridos utiliza barragens para irrigação.

4.1.13 As instalações de irrigação são suficientes para as culturas?

Quadro 4.12

		Frequency	Percentage
Are irrigation	Yes	32	32%
facilities enough for	No	68	68%
crops	**Total**	100	100%

Gráfico 4.12

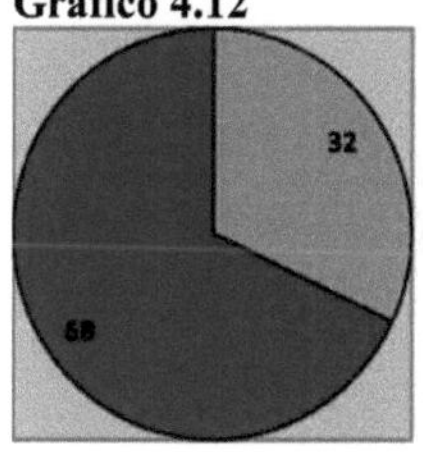

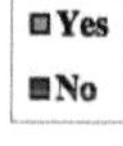

A Tabela 4.12 e o Gráfico 4.12 documentam o feedback dos inquiridos relativamente à questão "As instalações de irrigação são suficientes para as culturas". Os resultados da tabela e do gráfico acima mostram que a maioria dos inquiridos respondeu que não, 68%. O que significa que não há instalações suficientes para a irrigação.

4.1.14 Tem crédito/empréstimo?

Quadro 4.13

		Frequency	Percentage
Do you take out	Yes	16	16%
credit/loan	No	84	84%
	Total	100	100%

Gráfico 4.13

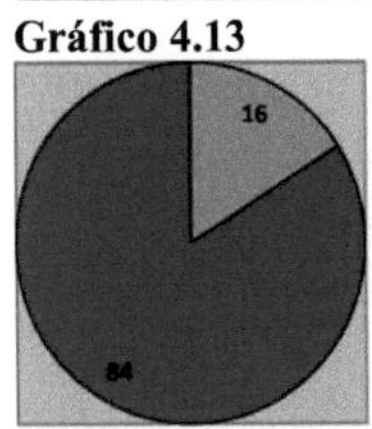

A Tabela 4.13 e o Gráfico 4.13 documentam o feedback dos inquiridos relativamente à questão "Recorre a crédito/empréstimo". Os resultados da tabela e do gráfico acima mostram que a maioria dos inquiridos respondeu que não, 84%. Isto significa que não existem facilidades de crédito suficientes na zona.

4.1.15 Quem é o principal comprador dos produtos da sua exploração?

Quadro 4.14

		Frequency	Percentage
Who is the major	Rural Consumers	24	24%
buyer of your farm	Cooperative Sector	12	12%
	Middlemen from	28	28%
outputs	Town	36	36%
	Urban Consumers	100	100%
	Total		

Gráfico 4.14

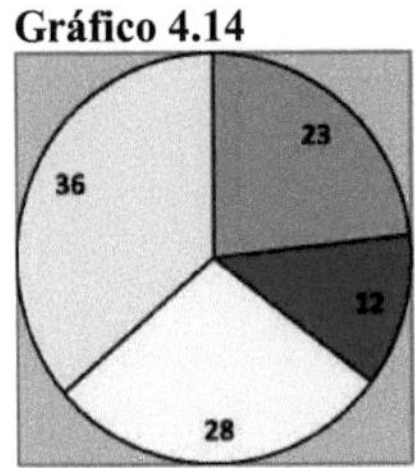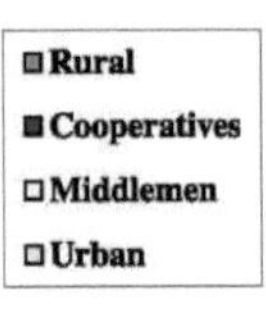

A Tabela 4.14 e o Gráfico 4.14 documentam o feedback dos inquiridos em relação à questão "Quem é o principal comprador dos produtos da sua exploração agrícola". Os resultados da tabela e do gráfico acima mostram que a maioria dos inquiridos vende as suas colheitas a consumidores urbanos, 36%. Isto significa que têm fácil acesso às zonas urbanas.

4.1.16 Dispõem de instalações rodoviárias nas vossas explorações?

Quadro 4.15

		Frequency	**Percentage**
Do you have road	Yes	62	62%
facilities in your	No	38	38%
farms	**Total**	100	100%

Gráfico 4.14

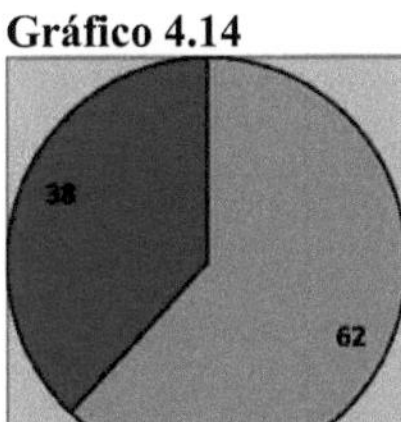

A Tabela 4.15 e o Gráfico 4.15 documentam o feedback dos inquiridos relativamente à questão "Dispõe de instalações rodoviárias nas suas explorações". Os resultados da tabela e do gráfico acima mostram que a maioria dos inquiridos respondeu afirmativamente em 62%. Isto significa que têm acesso fácil às zonas urbanas.

4.1.17 Utiliza fertilizantes na sua exploração agrícola?

Quadro 4.16

		Frequency	**Percentage**
Do you use fertilizers	Yes	98	98%
in your farm	No	2	2%
	Total	100	100%

Gráfico 4.16

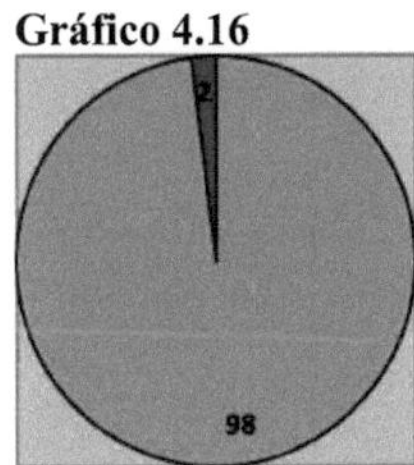
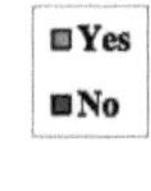

A Tabela 4.16 e o Gráfico 4.16 documentam o feedback dos inquiridos relativamente à questão "Utiliza fertilizantes na sua exploração agrícola". Os resultados da tabela e do gráfico acima mostram que a maioria dos inquiridos utiliza fertilizantes nas explorações 98%.

4.1.18   Tem algum plano para melhorar a sua produção agrícola?

Quadro 4.17

		Frequency	Percentage
Do you have any	Yes	92	98%
plan to improve your	No	8	2%
agriculture	**Total**	100	100%
production			

Gráfico 4.17

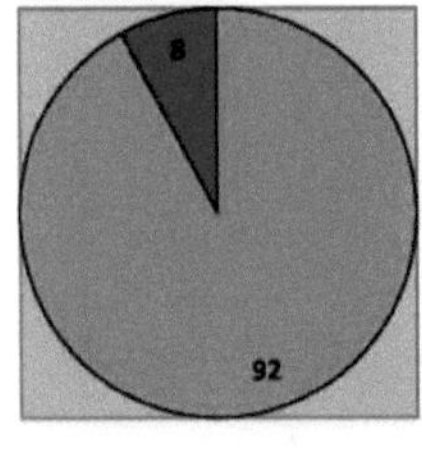
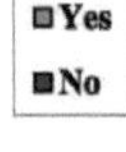

A Tabela 4.14 e o Gráfico 4.14 documentam o feedback dos inquiridos relativamente à pergunta "Tem algum plano para melhorar a sua produção agrícola". Os resultados da tabela e do gráfico acima mostram que a maioria dos inquiridos planeou melhorar a produção agrícola em 92%.

4.1.19   Está satisfeito com o seu rendimento por hectare?

Table 4.18

		Frequency	Percentage
Are you satisfied	Yes	47	47%
with your per acre	No	53	53%
	Total	100	100%
yield			

Gráfico 4.18

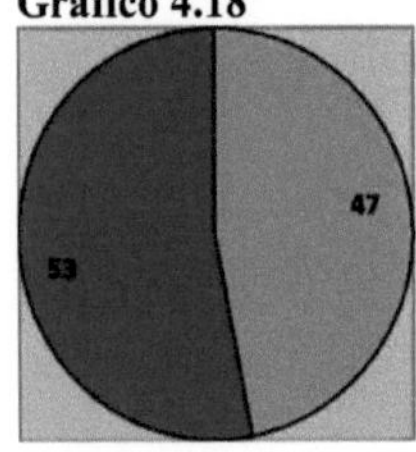
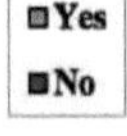

A Tabela 4.18 e o Gráfico 4.18 documentam o feedback dos inquiridos relativamente à questão "Está satisfeito com o seu rendimento por acre". Os resultados da tabela e do gráfico acima mostram que a maioria dos inquiridos, 57%, não está satisfeita com o rendimento por hectare. Isto significa que têm fácil acesso às zonas urbanas.

4.1.20 Na   sua opinião, quais são as principais causas da diminuição da produção por

hectare?

Table 4.19

		Frequency	Percentage
Main causes of less	Impure seeds	20	20%
production in per	High cost of fertilizers	36	36%
acre	Less Use of pesticides	12	12%
	Less use of modern technology	30	30%
	Total	100	100%

Gráfico 4.19

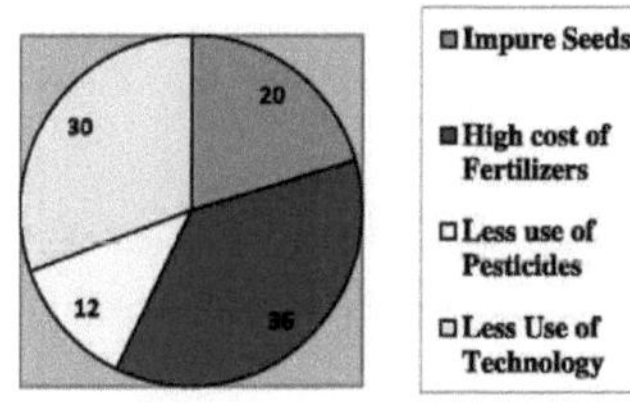

A Tabela 4.19 e o Gráfico 4.19 documentam o feedback dos inquiridos em relação à pergunta "Na sua opinião, quais são as principais causas de uma menor produção por hectare". Os resultados da tabela e do gráfico acima mostram que a maioria dos inquiridos, 36%, aponta o elevado custo dos fertilizantes.

4.1.21   O departamento de agricultura fornece orientações básicas sobre as culturas?

Quadro 4.20

		Frequency	Percentage
Does agriculture	Yes	34	34%
department provide basic	No	76	76%
guidelines about crops	**Total**	100	100%

Gráfico 4.20

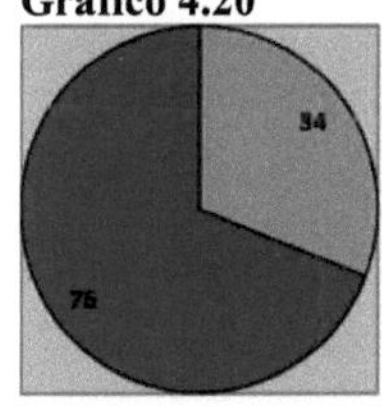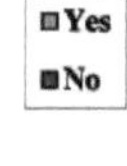

A Tabela 4.20 e o Gráfico 4.20 documentam o feedback dos inquiridos relativamente à questão "O departamento de agricultura fornece orientações básicas sobre as culturas". Os resultados da tabela e do gráfico acima mostram que a maioria dos inquiridos, 74%, respondeu afirmativamente. Isto significa que dispõem de orientações básicas suficientes sobre as culturas.

4.1.22   Utiliza a tecnologia moderna para o cultivo?

Table 4.21

		Frequency	Percentage
Do you use modern	Yes	69	69%
technology for	No	31	31%
cultivation	**Total**	100	100%

Gráfico 4.21

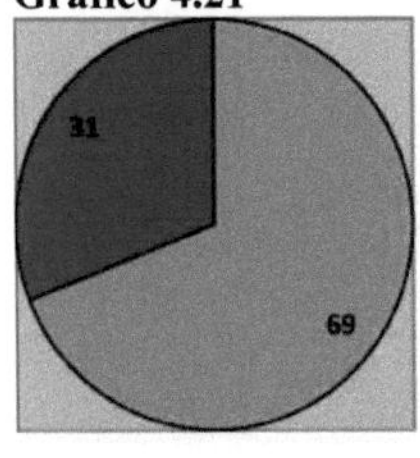

A Tabela 4.21 e o Gráfico 4.21 documentam o feedback dos inquiridos relativamente à questão "Utiliza a tecnologia de modem para o cultivo". Os resultados da tabela e do gráfico acima mostram que a maioria dos inquiridos, 69%, respondeu afirmativamente. Isto significa que utilizam a tecnologia modem para o cultivo.

4.1.23   As catástrofes naturais afectam as suas culturas? Como chuvas fortes, inundações?

Table 4.22

		Frequency	Percentage
Natural disasters	Yes	76	76%
affect your crops	No	24	24%
	Total	100	100%

Gráfico 4.22

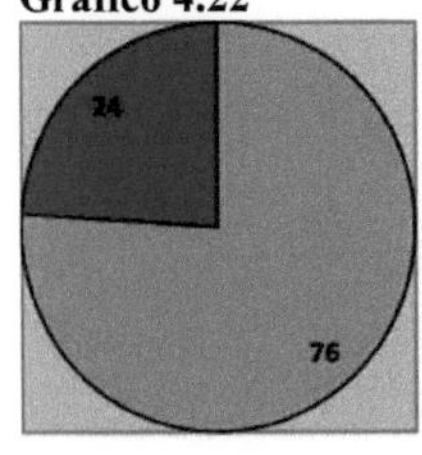

A Tabela 4.22 e o Gráfico 4.22 documentam o feedback dos inquiridos relativamente à questão "As catástrofes naturais afectam as suas culturas? Como chuvas fortes, inundações". Os resultados da tabela e do gráfico acima mostram que a maioria dos inquiridos, 76%, está a ser afetada pelas catástrofes naturais. Isto significa que precisam de proteção adequada contra as catástrofes naturais.

4.1.24 Faz as suas colheitas na altura certa?

Quadro 4.23

		Frequency	Percentage
Do you harvest your	Yes	62	62%
crops on proper time	No	38	38%
	Total	100	100%

Gráfico 4.23

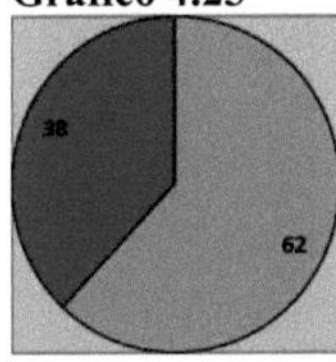
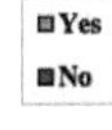

A Tabela 4.23 e o Gráfico 4.23 documentam o feedback dos inquiridos relativamente à questão "Faz a colheita das suas culturas na altura certa". Os resultados da tabela e do gráfico acima mostram que a maioria dos inquiridos faz as suas colheitas na altura certa, 62%. Isto significa que dispõem de máquinas de colheita adequadas.

4.1.25 Já alguma vez testou a sua terra?

Quadro 4.24

		Frequency	Percentage
Have you ever tested	Yes	46	46%
your land	No	54	54%
	Total	100	100%

Gráfico 4.24

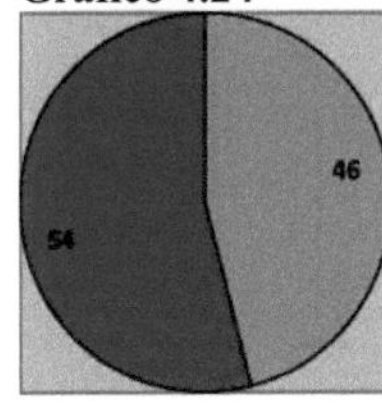
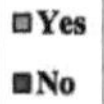

A Tabela 4.24 e o Gráfico 4.24 documentaram o feedback dos inquiridos em relação à pergunta "Alguma vez testou a sua terra". Os resultados da tabela e do gráfico acima mostram que a maioria dos inquiridos, 54%, não testou as suas terras. Isto significa que eles não têm nenhuma ideia sobre as suas terras em conformidade.

4.1.26 O centro de análise de terrenos está localizado na sua cidade natal?

Quadro 4.25

		Frequency	Percentage
Is land analysis	Yes	36	36%
centre located in your	No	74	74%
home town	**Total**	100	100%

Gráfico 4.25

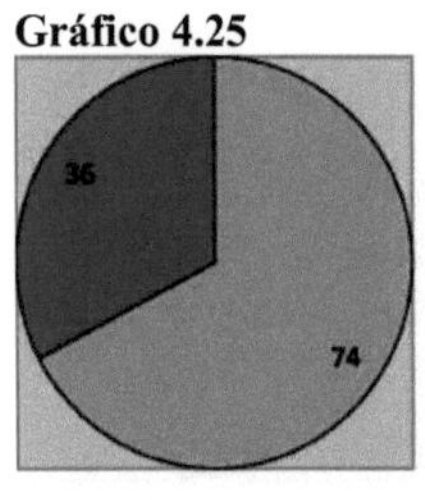

A Tabela 4.25 e o Gráfico 4.25 documentam o feedback dos inquiridos relativamente à questão "O centro de análise de terras está localizado na sua cidade natal". Os resultados da tabela e do gráfico acima mostram que a maioria dos inquiridos, 74%, negou a afirmação. Isto significa que não existem centros de análise suficientes para satisfazer as necessidades dos agricultores.

1.1.27 As sementes puras estão disponíveis nos vossos mercados?

Quadro 4.26

		Frequency	Percentage
Are pure seeds	Yes	69	69%
available in your	No	31	31%
markets	**Total**	100	100%

Gráfico 4.26

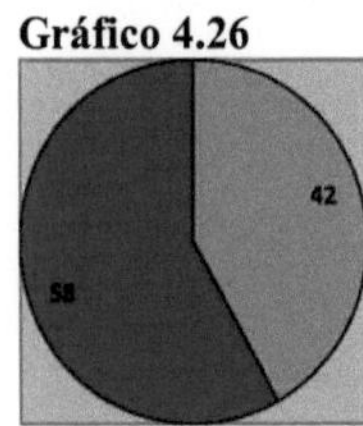

A Tabela 4.26 e o Gráfico 4.26 documentam o feedback dos inquiridos relativamente à questão "As sementes puras estão disponíveis nos vossos mercados". Os resultados da tabela e do gráfico acima mostram que a maioria dos inquiridos, 58%, negou a afirmação. Isto significa que não há disponibilidade de sementes puras no mercado.

1.1.28 Sim, então o preço é acessível?

Quadro 4.27

		Frequency	Percentage
Is yes then affordable	Poverty	4	4%
price	Lack of awareness	50	50%
	Lack of modern technology	19	19%
	Lack of water	21	21%
	Climate change	4	4%
	Lack of fertilizers	2	2%
		100	100%

Gráfico 4.27

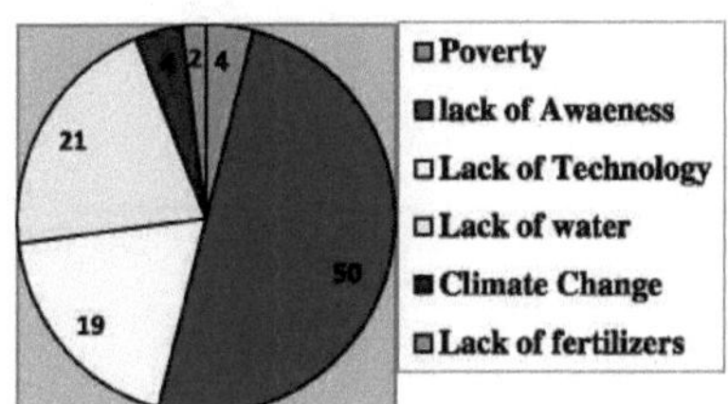

A Tabela 4.27 e o Gráfico 4.27 documentam o feedback dos inquiridos relativamente à pergunta "Sim, então o preço é acessível". Os resultados da tabela e do gráfico acima mostram que a maioria dos inquiridos (50%) concordou que a falta de sensibilização leva a uma baixa produção.

4. 2Análise de correlação

Quadro 4.28

		Poverty	Lack of awareness	Lack of modern technology	Low Production
Poverty	Pearson Correlation	1			
	Sig. (2-tailed)				
Lack of awareness	Pearson Correlation	.583**	1		
	Sig. (2-tailed)	.000			
Lack of modern technology	Pearson Correlation	.924**	.762**	1	
	Sig. (2-tailed)	.000	.000		
Low Production	Pearson Correlation	.859**	.544**	.864**	1
	Sig. (2-tailed)	.000	.000	.000	

**. A correlação é significativa ao nível de 0,01 (bicaudal).

4.3 ANÁLISE DE REGRESSÃO

Tabela 4.29: Resumo do modelo

Model	R	R Square	Adjusted R Square	Std. Error of the Estimate
	.950[a]	.903	.898	.33925

a. Preditores: (Constante), Pobreza, Falta de Consciência, Falta de Tecnologia Modem.

Este quadro mostra o modelo de resumo de todas as séries. A regressão foi aplicada para testar o modelo. R é uma relação simples de variáveis independentes com a variável dependente. O valor de R é 0,950 e R2 é 0,903. O R2 mostra a magnitude da relação. Neste caso, o valor de que significa que existe uma variação de 90,3% na variável dependente devido à variável independente. O R2 ajustado, uma versão melhorada do R2, é igual a 0,898. O valor da estimativa do erro padrão é de 0,339.

Tabela 4.30: ANOVA[b]

	Model	Sum of Squares	df	Mean Square	F	Sig.
1	Regression	101.298	4	25.325	220.041	.000[a]
	Residual	10.934	95	.115		
	Total	112.232	99			

a. Preditores: (Constante), Pobreza, Falta de Consciência, Falta de Tecnologia Modem.
b. Variável dependente: Baixa produção

A tabela ANOVAs mostra que o nível de regressão é inferior a 0,05, o que revela que o modelo é adequado e que a regressão pode ser aplicada.

Coeficientes[3]

Model		Unstandardized Coefficients		Standardized Coefficients		
		B	Std. Error	Beta	t	Sig.
1	(Constant)	7.532	1.295		5.815	.000
	Poverty	.638	.216	.434	2.949	.005
	Lack of Awareness	.827	.168	.663	4.913	.000
	Lack of Modern Technology	.488	.052	.515	9.426	.000

a. Variável dependente: Decisão de compra do consumidor

O quadro acima mostra que o nível de significância da Pobreza é inferior a 0,05, o que é significativo. Por conseguinte, aceitamos a hipótese:

Hl: A pobreza leva a uma baixa produção. **(Aceite)**

O quadro acima mostra que o nível de significância da Pobreza é inferior a 0,05, o que é significativo. Por conseguinte, aceitamos a hipótese:

44

H2: Existe uma relação entre a falta de sensibilização e a baixa produção. **(Aceite)**

O quadro acima mostra que o nível de significância da Pobreza é inferior a 0,05, o que é significativo. Por conseguinte, aceitamos a hipótese:

H3: Existe uma relação entre a falta de tecnologia moderna e a baixa produção. **(Aceite)**

CAPÍTULO 5

Resumo, resultados e conclusões

5.1 RESUMO

Uma boa investigação requer uma excelente metodologia de investigação. Desta forma, os objectivos da investigação podem ser melhor alcançados. Em teoria, não existem diretrizes definidas para realizar uma investigação utilizando qualquer metodologia de investigação, mas uma investigação bem conduzida proporcionará uma fonte rica de conhecimentos.

Este capítulo descreve em primeiro lugar a metodologia de investigação. Foram discutidos diferentes tipos de investigação. A investigação quantitativa e qualitativa foi estudada para melhor compreensão. Isto ajudou a desenvolver um bom plano de investigação. Foi criado um projeto de investigação. Este envolveu a escolha de perguntas abertas ou fechadas. Foi elaborado um questionário para entrevistar as pessoas relacionadas para a recolha de dados. Foi criada a escala das respostas ao questionário, que ajudaria a analisar os resultados da investigação efectuada.

5.2 Conclusões

Após a conclusão deste estudo de investigação, as conclusões são as seguintes

O investigador distribuiu a idade dos inquiridos por quatro categorias, sendo que 34% dos inquiridos se enquadravam na categoria etária dos 41-60 anos. No entanto, apenas 20% dos inquiridos se enquadravam na categoria etária dos 51-60 anos.

O estado civil dos inquiridos Como é evidente no gráfico acima, a maioria dos inquiridos (81%) era casada e 19% solteira.

Quanto ao tipo de família dos inquiridos, a maioria (74%) era nuclear e os restantes viviam num sistema familiar conjunto.

A escolaridade dos inquiridos tem diferentes níveis de ensino. A maioria dos inquiridos (78%) tinha o ensino secundário. No entanto, 13% tinham outras habilitações.

Os resultados relativos ao rendimento dos inquiridos mostram que a maioria dos inquiridos, 56%, respondeu que tem um rendimento igual ou superior a 60000. No entanto, 18% tinham um rendimento inferior a 30000 e 24% tinham um rendimento entre 31000 e 60000.

A dimensão da família dos inquiridos mostra que a maioria, 59%, tinha uma família de 5-7 membros e os restantes 03% tinham uma família grande.

A reação dos inquiridos à pergunta "Trabalha por conta de outrem em alguma área". Os resultados da tabela e do gráfico acima mostram que a maioria dos inquiridos (68%) trabalha por conta própria e os restantes (32%) trabalham em qualquer área.

A reação dos inquiridos à pergunta "Tem terra própria". Os resultados da tabela e do gráfico acima mostram que a maioria dos inquiridos, 97%, tem terra própria e os restantes não a têm.

A reação dos inquiridos à pergunta "Dimensão da propriedade fundiária". Os resultados do quadro e do gráfico acima mostram que a maioria dos inquiridos possuía 6 a 10 acres, enquanto os restantes possuíam 11 e mais de 22%, respetivamente.

A resposta dos inquiridos à pergunta "Com que frequência cultiva as suas terras num determinado ano". Os resultados da tabela e do gráfico acima mostram que a maioria dos inquiridos, 68%, cultiva as suas terras duas vezes por ano. Um número menor de inquiridos cultiva as suas terras uma vez por ano.

A reação dos inquiridos à pergunta "Aplica irrigação nas suas culturas". Os resultados da tabela e do gráfico acima mostram que a maioria dos inquiridos, 88%, rega as suas culturas.

Os inquiridos. Os resultados da tabela e do gráfico acima mostram que a maioria dos inquiridos, 53%, respondeu que utiliza vapor/rio para irrigação e um número menor de inquiridos utiliza barragens para irrigação.

A resposta dos inquiridos à pergunta "As instalações de irrigação são suficientes para as culturas". Os resultados da tabela e do gráfico acima mostram que a maioria dos inquiridos respondeu que não, 68%. O que significa que não existem instalações de irrigação suficientes.

A reação dos inquiridos à pergunta "Recorre a crédito/empréstimo". Os resultados da tabela e do gráfico acima mostram que a maioria dos inquiridos respondeu que não, 84%. Isto significa que não existem facilidades de crédito suficientes na zona.

A resposta dos inquiridos à pergunta "Quem é o principal comprador dos produtos da sua exploração agrícola". Os resultados da tabela e do gráfico acima mostram que a maioria dos inquiridos vende as suas colheitas a consumidores urbanos (36%). Isto significa que têm fácil acesso às zonas urbanas.

A reação dos inquiridos à pergunta "Dispõe de instalações rodoviárias nas suas explorações agrícolas". Os resultados da tabela e do gráfico acima mostram que a maioria dos inquiridos respondeu afirmativamente em 62%. Isto significa que têm acesso fácil às zonas urbanas.

O feedback dos inquiridos relativamente à pergunta "Utiliza fertilizantes na sua exploração agrícola". Os resultados da tabela e do gráfico acima mostram que a maioria dos inquiridos utiliza fertilizantes nas explorações 98%.

A reação dos inquiridos à pergunta "Tem algum plano para melhorar a sua produção agrícola". Os resultados da tabela e do gráfico acima mostram que a maioria dos inquiridos planeou melhorar a produção agrícola em 92%.

A resposta dos inquiridos à pergunta "Está satisfeito com o seu rendimento por hectare". Os resultados da tabela e do gráfico acima mostram que a maioria dos inquiridos, 57%, não está satisfeita com o rendimento por hectare. Isto significa que têm fácil acesso às zonas urbanas.

A resposta dos inquiridos à pergunta "Na sua opinião, quais são as principais causas da diminuição da produção por hectare". Os resultados da tabela e do gráfico acima mostram que a maioria dos inquiridos, 36%, aponta o elevado custo dos fertilizantes.

A reação dos inquiridos à pergunta "A Direção-Geral da Agricultura fornece orientações básicas sobre as culturas". Os resultados do quadro e do gráfico acima mostram que a maioria dos inquiridos, 74%, respondeu afirmativamente. Isto significa que dispõem de orientações básicas suficientes sobre as culturas.

A reação dos inquiridos à pergunta "Utiliza a tecnologia de modem para o cultivo". Os resultados do quadro e do gráfico acima mostram que a maioria dos inquiridos, 69%, respondeu afirmativamente. Isto significa que utilizam a tecnologia modem para o cultivo.

A resposta dos inquiridos à pergunta "As catástrofes naturais afectam as suas culturas? Como chuvas fortes, inundações". Os resultados do quadro e do gráfico acima mostram que a maioria dos inquiridos, 76%, está a ser afetada pelas catástrofes naturais. Isto significa que precisam de proteção adequada contra as catástrofes naturais.

A resposta dos inquiridos à pergunta "Faz as suas colheitas na altura certa". Os resultados do quadro e do gráfico acima mostram que a maioria dos inquiridos faz as suas colheitas a tempo 62%. Isto significa que dispõem de máquinas de colheita adequadas.

A reação dos inquiridos à pergunta "Alguma vez testou o seu terreno". Os resultados da tabela e do gráfico acima mostram que a maioria dos inquiridos, 54%, não testou os seus terrenos. Isto significa que não fazem ideia do estado dos seus terrenos.

A resposta dos inquiridos à pergunta "O centro de análise fundiária está localizado na sua cidade natal". Os resultados da tabela e do gráfico acima mostram que a maioria dos inquiridos, 74%, negou a afirmação. Isto significa que não existem centros de análise suficientes para satisfazer as necessidades dos agricultores.

A reação dos inquiridos à pergunta "Há sementes puras disponíveis nos vossos mercados". Os resultados da tabela e do gráfico acima mostram que a maioria dos inquiridos, 58%, negou a afirmação. Isto significa que não há disponibilidade de sementes puras no mercado.

A reação dos inquiridos à pergunta "Sim, então o preço é acessível". Os resultados do quadro e do gráfico acima mostram que a maioria dos inquiridos (50%) concordou que a falta de sensibilização leva a uma baixa produção.

5.3 Conclusão

Após a conclusão do estudo de investigação, conclui-se que:-

Conclui-se que o investigador distribuiu a idade dos inquiridos em quatro categorias, sendo que 34% dos inquiridos se enquadravam na categoria etária dos 41-60 anos. No entanto, apenas 20% dos inquiridos se enquadravam na categoria etária dos 51-60 anos.

Conclui-se que O estado civil dos inquiridos Como é evidente no gráfico acima, a maioria dos inquiridos, 81%, era casada e 19% solteira.

Conclui-se que o tipo de família dos inquiridos, na sua maioria 74%, era nuclear e os restantes viviam num sistema familiar conjunto.

Conclui-se que a educação dos inquiridos tem diferentes níveis de educação. A maioria dos inquiridos (78%) tinha o ensino secundário. No entanto, 13% tinham outras habilitações.

Conclui-se que os resultados relativos ao rendimento dos inquiridos mostram que a maioria dos inquiridos, 56%, respondeu que tem um rendimento igual ou superior a 60000. No entanto, 18% tinham um rendimento inferior a 30000 e 24% tinham um rendimento entre 31000 e 60000.

Conclui-se que a dimensão da família dos inquiridos mostra que a maioria, 59%, tinha uma família de 5-7 membros e os restantes 03% tinham uma família grande.

Conclui-se que a resposta dos inquiridos à pergunta "Trabalha por conta de outrem? Os resultados da tabela e do gráfico acima mostram que a maioria dos inquiridos, 68%, trabalha por conta própria e os restantes 32% trabalham por conta de outrem em qualquer área.

Conclui-se que o feedback dos inquiridos relativamente à pergunta "Tem terras próprias". Os resultados da tabela e do gráfico acima mostram que a maioria dos inquiridos, 97%, tem terra própria e os restantes não têm terra própria.

Conclui-se que o feedback dos inquiridos relativamente à pergunta "dimensão da propriedade fundiária". Os resultados do quadro e do gráfico acima mostram que a maioria dos inquiridos possuía 6 a 10 acres, enquanto os restantes possuíam 11 e mais de 22%, respetivamente.

Conclui-se que a reação dos inquiridos à pergunta "Com que frequência cultiva as suas terras num determinado ano". Os resultados da tabela e do gráfico acima mostram que a maioria dos inquiridos (68%) cultiva as suas terras duas vezes por ano. Um número menor de inquiridos cultiva as suas terras uma vez por ano.

Conclui-se que o feedback dos inquiridos relativamente à pergunta "Aplica irrigação nas suas culturas". Os resultados da tabela e do gráfico acima mostram que a maioria dos inquiridos, 88%, rega as suas culturas.

Conclui-se que os resultados da tabela e do gráfico acima mostram que a maioria dos inquiridos, 53%, respondeu que utiliza vapor/rio para irrigação e um número menor de inquiridos utiliza barragens para irrigação.

Conclui-se que a reação dos inquiridos à pergunta "As instalações de irrigação são suficientes para as culturas". Os resultados da tabela e do gráfico acima mostram que a maioria dos inquiridos respondeu que não, 68%. O que significa que não existem instalações de irrigação suficientes.

Conclui-se que o feedback dos inquiridos relativamente à pergunta "Recorre a crédito/empréstimo". Os resultados da tabela e do gráfico acima mostram que a maioria dos inquiridos respondeu que não, 84%. Isto significa que não existem facilidades de crédito suficientes na zona.

Conclui-se que a resposta dos inquiridos à pergunta "Quem é o principal comprador dos produtos da sua exploração agrícola". Os resultados da tabela e do gráfico acima mostram que a maioria dos inquiridos vende as suas colheitas a consumidores urbanos (36%). Isto significa que têm fácil acesso às zonas urbanas.

Conclui-se que a reação dos inquiridos à pergunta "Dispõe de instalações rodoviárias nas suas explorações agrícolas". Os resultados da tabela e do gráfico acima mostram que a maioria dos inquiridos respondeu afirmativamente em 62%. Isto significa que têm acesso fácil às zonas urbanas.

Conclui-se que o feedback dos inquiridos em relação à pergunta "Utiliza fertilizantes na sua exploração agrícola". Os resultados da tabela e do gráfico acima mostram que a maioria dos inquiridos utiliza fertilizantes nas explorações agrícolas, 98%.

Conclui-se que o feedback dos inquiridos relativamente à pergunta "Tem algum plano para melhorar a sua produção agrícola". Os resultados da tabela e do gráfico acima mostram que a maioria dos inquiridos planeou melhorar a produção agrícola em 92%.

Conclui-se que o feedback dos inquiridos em relação à pergunta "Está satisfeito com o seu rendimento por hectare". Os resultados da tabela e do gráfico acima mostram que a maioria dos inquiridos, 57%, não está satisfeita com o rendimento por hectare. Isto significa que têm acesso fácil às zonas urbanas.

Conclui-se que a reação dos inquiridos à pergunta "Na sua opinião, quais são as principais causas de uma menor produção por hectare". Os resultados da tabela e do gráfico acima mostram que a maioria dos inquiridos, 36%, aponta o elevado custo dos fertilizantes.

Conclui-se que a reação dos inquiridos à pergunta "A Direção-Geral da Agricultura fornece orientações básicas sobre as culturas". Os resultados do quadro e do gráfico acima mostram que a maioria dos inquiridos, 74%, respondeu afirmativamente. Isto significa que dispõem de orientações básicas suficientes sobre as culturas.

Conclui-se que a reação dos inquiridos à pergunta "Utiliza a tecnologia de modem para o cultivo". Os resultados da tabela e do gráfico acima mostram que a maioria dos inquiridos, 69%, respondeu afirmativamente. Isto significa que utilizam a tecnologia modem para o cultivo.

Conclui-se que as respostas dos inquiridos à pergunta "As catástrofes naturais afectam as suas culturas? Como chuvas fortes, inundações". Os resultados do quadro e do gráfico acima mostram que a maioria dos inquiridos, 76%, está a ser afetada pelas catástrofes naturais. Isto significa que precisam de proteção adequada contra as catástrofes naturais.

Conclui-se que a reação dos inquiridos à pergunta "Faz as suas colheitas na altura certa? Os resultados do quadro e do gráfico acima mostram que a maioria dos inquiridos faz as suas colheitas a tempo 62%. Isto significa que dispõem de máquinas de colheita adequadas.

Conclui-se que o feedback dos inquiridos em relação à pergunta "Alguma vez testou o seu terreno". Os resultados da tabela e do gráfico acima mostram que a maioria dos inquiridos, 54%, não testou os seus terrenos. Isto significa que não fazem ideia do estado dos seus terrenos.

Conclui-se que a reação dos inquiridos à pergunta "O centro de análise fundiária está localizado na sua cidade natal". Os resultados da tabela e do gráfico acima mostram que a maioria dos inquiridos, 74%, negou a afirmação. Isto significa que não existem centros de análise suficientes para satisfazer as necessidades dos agricultores.

Conclui-se que a reação dos inquiridos à pergunta "Há sementes puras disponíveis nos vossos mercados". Os resultados da tabela e do gráfico acima mostram que a maioria dos inquiridos, 58%, negou a afirmação. Isto significa que não há disponibilidade de sementes puras no mercado.

Conclui-se que a reação dos inquiridos à pergunta "Sim, então o preço é acessível". Os resultados da tabela e do gráfico acima mostram que a maioria dos inquiridos (50%) concordou que a falta de sensibilização leva a uma baixa produção.

Referências

Birthal, P.S., A.K. Jha, M.M. Tiongco e C. Narrod (2008), "Improving Farm to Market Linkages through contract farming: A Case Study of Small Holder Dairying in India", documento de discussão do IFPRI 00814. Washington, D.C.

Birthal, P.S., PK Joshi e AV Narayanan (2011), "Agricultural Diversification in India: Trends, contribution to growth and small farmer participation", ICRIS AT, mimeo

Chand, R., PA Lakshmi Prasanna e Aruna Singh (2011), "Farm size and productivity: Understanding the strengths of smallholders and improving their livelihoods", Economic and Political Weekly, Vol.46, Nos. 26 e 27.

Dev, Mahendra, S. Crescimento inclusivo na Índia: Agriculture, poverty and human development. Oxford University Press; 2008.

Sarthak, Gaurav e Srijit Mishra (2011), "Size Class and returns to Cultivation in India: A Cold Case Reopened", documento de trabalho do IGIDR n.º WP2011-27, Mumbai

Gulati, Ashok (2009), "Emerging Trends in Indian Agriculture: What can we learn from these?". 2ª Palestra Memorial do Prof. Dayanath Jha, Centro Nacional de Economia Agrícola e Investigação Política, Nova Deli

Hazell, Peter (2011), "Five Big Questions about Five Hundred Million Small Farms", documento apresentado na Conferência sobre novas orientações para a agricultura de pequena dimensão, 24-25 de janeiro de 2011, Roma, FIDA.

Joshi P K e A. Gulati (2003), *"From Plate to Plough: Agricultural Diversification in India"*, documento apresentado na conferência "Dragon and Elephant: A Comparative Study of Economic and Agricultural Reforms in China and India", Nova Deli, Índia, 25-26 de março

Lipton, M. (2006), "Can Small Farmers Survive, Prosper, or be the Key Channel to cut Mass

Poverty", *Journal of Agricultural and Development Economics,* Vol 3, No.l, 2006, pp58-85

Madhur, Gautam (2011), "India: Accelerating Agricultural Productivity Growth- Policy and Investment Options", mimeo, Banco Mundial, Washington, D.C.

NCEUS (2008), "A Special Programme for Marginal and Small Farmers", um relatório preparado pela Comissão Nacional para as Empresas do Setor Desorganizado, NCEUS, Nova Deli

Rao, CH, Hanumatha (2005), Agriculture, Food security, Poverty and Environment" Oxford University Press, New Delhi

Rao, NC e Dev, S.Mahendra (2010), *Biotechnology in Indian Agriculture: Potential, Performance and Concerns,* Academic Foundation, New Delhi

Reardon , T e B. Minten (2011) , "The Quiet Revolution in India's Food Supply Chains", Documento de discussão 01115 do IFPRI, agosto de 2011. 25

Reardon , T e B. Minten (2011 a), "Surprised by Supermarkets: Diffusion of Modem Food Retail in India", Journal of Agribusiness in Developing and Emerging Economies 1 (2).

Singh, R.B., P.Kumar e T.Headwood (2002), "Smallholder farmers in India: Food Security and Agricultural Policy", FAO, Gabinete Regional para a Ásia e o Pacífico, Banguecoque.

Shah, Tushaar, Ashok Gulati , Hemant P , ganga Shreedhar , R C Jain (2009), "Secret of Gujarat Agrarian Miracle after 2000", Economic and Political Weekly, Vol. 44, No.52 Sundaram, K. (2001), "Employment and Poverty in 1990s, Further Results from NSS 55th Round, Employment-unemployment survey, 1999-00", Economic and Political Weekly, 11 de agosto, pp.3039-49

Sundaram, K. (2007), "Employment and Poverty in India, 2000-2005", Economic and Political Weekly, 28 de julho, pp.3121-3131

Thapa, G. e R. Gaiha (2011), "Smallholder farming in Asia and the Pacific: Challenges and Opportunities", documento apresentado na Conferência sobre novas direcções para a agricultura de pequena escala, 24-25 de janeiro de 2011, Roma, FIDA

Vaidynathan, A. (2010), "Agricultural Growth in India: Role of Technology, Incentives and Institutions", Oxford Collected Essays.

Questionário

É empregador de algum Held?

A	B
Yes	No

Tem o seu próprio terreno?

A	B
Yes	No

Dimensão da propriedade?

A	B
Yes	No

Com que frequência cultiva a sua terra num determinado ano?

A	B
Yes	No

Tem crédito/empréstimo?

A	B
Yes	No

Quem é o principal comprador dos produtos da sua exploração?

A	B
Yes	No

Dispõem de instalações rodoviárias nas vossas explorações?

A	B
Yes	No

Tem algum plano para melhorar a sua produção agrícola?

A	B
Yes	No

Está satisfeito com o seu rendimento por hectare?

A	B
Yes	No

Na sua opinião, quais são as principais causas da diminuição da produção por hectare?

A	B
Yes	No

O departamento de agricultura fornece orientações básicas sobre as culturas?

A	B
Yes	No

Utiliza a tecnologia moderna para o cultivo?

A	B
Yes	No

As catástrofes naturais afectam as suas culturas? Como chuvas fortes, inundações?

A	B
Yes	No

Faz as suas colheitas na altura certa?

A	B
Yes	No

Já alguma vez testou a sua terra?

A	B
Yes	No

O centro de análise de terrenos está localizado na sua cidade natal?

A	B
Yes	No

As sementes puras estão disponíveis nos vossos mercados?

A	B
Yes	No

Sim, então o preço é acessível?

A	B
Yes	No

Qual é o seu principal problema no domínio da agricultura?

A	B	C	D	E	F
Poverty	Lack of awareness	Lack of modern technology	Lack of water	Climate change	Lack of fertilizers

Printed by Books on Demand GmbH, Norderstedt / Germany